최신 조리전문용어

김소미·최선혜 공저

도서출판 효 일
www.hyoilbooks.com

머리말

‘뜻이 있는 곳에 길이 있다’는 말이 있습니다.

전문조리사로서 최고가 되겠다는 뜻을 가지고 공부를 하는 학생들과 조리사, 그리고 이제 막 조리 공부를 시작하려는 많은 분들을 위하여 조리에 관한 기초지식이 되고, 필요할 때마다 찾아 볼 수 있는 책이 되도록 노력하였습니다. 또한 현장에 나가기 전에 배운 것을 이론적으로 총정리 해보는 길잡이로서 조금이라도 도움이 되었으면 하는 마음으로 작업을 하였습니다.

앞으로 계속적인 수정과 보완을 해 나가리라는 다짐으로 마무리하며, 아낌없는 관심과 많은 조언을 부탁드립니다.

끝으로 본 책이 출간되기까지 많은 도움을 주신 도서출판 효일의 관계자 분들께 감사드립니다.

저자 씀

차 례

제Ⅲ편   중국조리

제Ⅳ편   이태리조리

제Ⅴ편 **일본조리**

한국조리

1. 한국 음식의 재료

1) 재 료

(1) 곡 류

농경이 시작된 신석기 중기부터 조, 수수, 기장 등의 잡곡 농사가 먼저 시작되었고, 이후 벼농사가 이루어져 잡곡혼용 음식의 발달을 가져왔다. 쌀에는 멥쌀과 찹쌀이 있으며, 도정하는 정도에 따라 현미, 7분 도미, 9분 도미 등으로 구분된다. 그 외 밀은 국수와 만두로, 보리는 밥과 엿기름 등으로 가공하며, 메밀은 국수와 만두, 묵 등을 만든다. 조, 기장, 수수 등은 가공하여 떡, 죽, 엿, 과자 등을 만드는 데 이용되고 있다.

(2) 감자류

감자는 주식이나 찜, 볶음, 부침, 떡 등의 음식으로 먹으며, 고구마는 주식보다는 간식용으로 사용된다.

(3) 콩 류

콩, 팥, 녹두, 완두, 강낭콩, 등의 종류가 있으며 밥이나 떡, 죽, 묵 등을 만들며, 콩나물과 숙주나물로 키워 사용하기도 하고, 두부, 된장 등으로 만들어 건강식품으로도 이용된다.

(4) 어패류

한국은 어류(민물고기, 흰살 생선, 붉은 살 생선), 연체류(오징어, 문어, 낙지 등), 갑각류(게, 새우, 우렁쉥이 등), 조개류(굴, 모시조개, 바지락, 전복, 소라, 홍합 등) 등을 철마다 다양하게 잡을 수 있어, 좋은 식품급원으로 이용하고 있다.

(5) 수조육류

① 쇠고기

쇠고기는 소의 연령, 성별, 운동량, 부위, 숙성도에 따라 부드러운 정도와 맛의 차이가 있으므로 조리방법이나 목적에 따라 적절한 선택을 하도록 한다. 내장은 냄새가 많이 나므로 손질을 잘 하도록 한다.

*소의 부위별 명칭 및 용도

	명 칭	용 도
1	혀(tongue)	편육, 찜, 훈연
2	머리(head)	편육, 족편, 탕
3	장정육, 목정(chuck)	구이, 편육, 조림, 탕
4	등심(sirloin)	구이, 산적, 전골
5	채끝살(loin)	구이, 산적
6	우둔육(round)	포, 조림, 구이
7	홍두깨살(rump round)	장조림, 산적, 탕, 육회
8	갈비(short ribs)	구이, 찜, 탕
9	쐬악지, 꾸리(foreshank)	조림, 장국
10	안심(tenderloin)	구이 전골
11	양지육(brisket)	편육, 장국
12	업진육(plate flank)	편육, 장국, 탕
13	대접살(hind shank)	포, 산적, 회
14	사태(fore shank)	장조림, 찜, 족편
15	꼬리(tail)	탕, 조림, 곰국, 찜
16	족(knuckle)	족편, 탕
17	도가니(knee bone)	탕
18	사골(marrow bone)	탕

* 소 내장의 명칭 및 용도

	명 칭	용 도
1	심장(염통)(heart)	구이, 전골
2	간(liver)	전, 볶음, 회
3	콩팥(kidney)	구이, 전골, 볶음
4	양(stomach 1)	구이, 찜, 국, 전
5	벌집양(stomach 2)	즙
6	천엽(tripes)	회, 전
7	곱창, 대창(intestine)	전골 구이, 탕, 순대, 찜
8	지라(spleen)	설렁탕, 회
9	등골(bone merrow), 두골(brain)	전, 회, 탕, 전골
10	곤자소니(intestine)	탕, 찜
11	허파(부아)(lung)	전, 탕, 편육, 곰국

② 돼지고기

　육질이 연하고 어깨 살과 배 부분에 삼겹살이 있다. 특유의 냄새를 제거하
도록 한다.

*돼지고기의 부위별 명칭 및 용도

	명 칭	용 도
1	머리(head)	편육
2	어깨살(수파육)(shoulder)	조림, 찜, 구이, 편육
3	등심(loin)	구이, 튀김
4	안심(tenderloin)	구이
5	후육(볼기살)(ham)	구이, 편육, 찜, 볶음
6	스페어육(spare-rib)	찌개, 구이
7	갈비(rib)	찜, 구이
8	삼겹살(bacan belly)	구이, 편육, 조림
9	넓적다리살(뒷다리살)(ham)	찜, 구이, 편육, 볶음
10	족(hock, leg)	편육, 찜, 조림

③ 닭고기

육질이 부드럽다. 조리 전 특유의 냄새를 잘 제거하도록 한다.

*닭고기의 부위별 명칭 및 용도

	명 칭	용 도
1	통닭(whole chicken)	구이, 백숙, 찜
2	가슴살(breast)	튀김, 구이, 찜
3	날개(wing)	튀김, 찜, 조림
4	다리(legs)	튀김, 구이, 찜, 조림
5	발(hock)	육수용, 튀김, 조림

*그 외 닭간은 구이, 튀김, 조림, 볶음용으로, 닭 모래집은 구이, 튀김, 볶음, 조림 등으로 이용한다.

(6) 달걀

완숙란, 찜, 조림, 달걀지단 등으로 이용하고 있다.

(7) 채소류

국, 찌개, 찜, 선, 생채, 숙채, 김치, 장아찌, 떡, 한과 등의 재료로 다양하게 이용된다.

(8) 해조류

김, 미역, 다시마, 톳, 파래, 청각, 모자반 등을 여러 가지 조리법으로 먹고 있다.

(9) 버섯류

송이버섯, 표고버섯, 느타리버섯, 싸리버섯, 석이버섯, 목이버섯, 능이버섯 등으로 구이나 볶음, 전골, 고명 등으로 많이 쓰인다.

(10) 과실류

각종 생 과일과 고명으로 많이 쓰이는 견과류 등이 있다

(11) 특수재료

죽순, 곤자소니, 대합, 꽃게, 천엽, 싸리버섯, 동아, 통도라지, 칡순, 두릅, 메뚜기, 홍합, 쑥, 숭어 등이 있다.

2) 양념과 고명

음식을 만들 때 사용하는 재료에는, 식품 자체가 가지고 있는 고유한 맛을 살리면서 음식의 특유한 맛을 내는 데 사용되는 양념과, 음식을 아름답게 느껴 식욕을 가지도록 모양과 색을 살리는 데 이용되는 고명이 있다. 음양오행설(陰陽五行說)에서도 맛의 오행(五行 : 酸, 苦, 甘, 辛, 鹽)과 색의 오행(五行 : 赤, 綠, 黃, 白, 黑)을 기본으로 하고 있다.

양념은 조미료와 향신료로 나눌 수 있으며 한자로는 약념(藥念)으로 표기하는데 이는 "먹어서 몸에 약처럼 이롭기를 바라는 마음으로 여러 가지를 고루 넣어 만든다."는 뜻이 포함되어 있다. 한국의 조미료는 짠맛, 단맛, 신맛, 매운맛, 쓴맛 등의 오미(五味)로 기본 맛을 내는 소금, 간장, 고추장, 된장, 설탕, 꿀, 조청, 엿, 식초 등이 있으며 좋은 향기, 매운맛, 쓴맛, 고소한 맛을 내는 향신료로는 고추, 파, 마늘, 생강, 천초근, 겨자, 후추, 계피, 들기름, 참기름, 깨소금 등이 있다.

한국 음식의 고명은 음식의 겉모양을 좋게 하는 한편 아무도 손대지 않은 새 음식이라는 의미를 다지며, 웃기 또는 꾸미라고도 한다. 빨간색(赤), 녹색(綠), 노란색(黃), 흰색(白), 검은색(黑) 등의 오색(五色)이 기본으로, 식품들이 가지고 있는 고유의 자연 색을 이용한다. 빨간 색은 다홍고추, 실고추, 대추, 당근 등이 이용되며 녹색은 오이, 호박, 미나리, 실파가, 황색은 달걀의 황 지단, 백색은 달걀의 백 지단이, 검은 색은 석이버섯, 목이버섯, 표고버섯 등이 주로 이용되며 잣, 은행, 호두, 고기완자, 알쌈, 밤 등도 고명으로 많이 쓰인다.

(1) 양 념

① 소금

소금은 음식의 맛을 내는 데 있어서 가장 기본적인 조미료로 짠맛을 내며, 음식의 종류에 따라 맛있게 느껴지는 농도가 각각 다르다. 소금의 짠맛은 신맛과 함께 있을 때는 신맛을 약하게 느끼게 하고 단맛은 더욱 달게 느끼게 하는 맛의 상승작용을 한다.

소금의 종류에는 호염, 재염, 재재염, 식탁염 등으로 나눌 수 있는데 호염은 모래알처럼 굵고 색이 약간 검은 것으로 장을 담그거나 채소 또는 생선을 절이는 데 쓰인다. 재염은 호염에서 불순물을 제거한 것으로 희고 입자가 고운 소금으로 보통 꽃소금이라 불리우는데 음식에 직접 간을 맞출 때 또는 적은 양의 채소나 생선을 절일 때 쓰인다. 식탁염은 이온교환법으로 만들어진 것으로 정제도가 아주 높은 고운 입자로 되어 있으며 식탁에서 음식에 간을 맞출 때 쓰인다.

조리 시 처음부터 소금을 넣으면 재료가 잘 무르지 않으므로 익은 다음 넣는 것이 좋고, 두부와 같이 잘 부서지기 쉬운 재료는 처음부터 넣으면 단단해져서 부스러지지 않는다.

소금과 설탕을 같이 넣어 조리할 때는 설탕을 먼저 넣고 소금을 넣으면 맛이 재료 속에 잘 침투되어 음식이 연하고 맛있다. 음식물에서 소금의 농도는 생선의 비린내를 없애는 데는 1~2%, 국은 1%, 찌개는 2%, 짜게 조림을 하는 경우는 5%정도이다.

② 간장

간장은 우리나라 음식의 맛을 내는 중요한 조미료로, 콩으로 만든 우리 고유의 발효 식품이다. 간장의 맛을 좌우하는 조건은 메주와 소금물의 비례, 소금물의 농도, 숙성 중의 관리 등이다.

간장의 종류로는 수십 년 묵은 집진간장을 비롯하여 해묵은 진간장이 있고, 물을 많이 잡거나 그 해에 담근 맑은 집간장(국간장, 청장)이 있다.

음식에 따라 쓰이는 간장의 종류가 다른데 국, 찌개, 나물 등에는 색이 옅은 청장(국간장)을 쓰고, 조림 등에는 묵은 집진간장을, 포, 초, 육류 양념 등에는 가장 오래 묵은 집진간장을 사용한다. 그러나 집에서 장을 담가 묵혀두는 경우가 적은 현대사회에서는 간장공장에서 나오는 진간장을 초간장, 양념 간장, 조림에 사용한다.

초간장은 식초에 설탕을 타서 잘 저은 다음 간장을 넣고 잘 섞은 뒤 잣가루를 넣어 만들며 주로 전에 곁들인다.

③ 된장

콩으로 메주를 쑤어서 알맞게 띄운 다음 적당량의 소금물에 담가 충분히 맛이 들면 간장으로 떠내는데, 이 때 남은 건더기를 모아 소금으로 간을 하여 얻어지는 것이 된장이다. 조미료로서 뿐만 아니라 소화되기 쉬운 단백질과 식염의 급원 식품이기도 하다.

된장의 종류에는 청국장, 막장, 집장, 생황장, 청태장, 팥장 등이 있으며, 주로 된장국과 된장찌개의 맛을 내는 데 쓰이고, 상추쌈이나 호박쌈에 곁들여 내는 쌈장과 장떡의 재료로도 쓰인다.

④ 고추장

고추장은 간장, 된장과 함께 우리 고유의 발효 식품으로, 세계에서 유일하게 매운맛을 내는 복합 발효 조미료인 동시에 매운맛과 짠맛, 감칠맛이 잘 어우러진 기호 식품이다.

고추장의 종류에는 찹쌀고추장, 보리고추장, 밀가루고추장 등이 있으며 재래식 고추장의 원료는 메주, 고춧가루, 찹쌀, 엿기름, 소금 등이다.

찹쌀고추장은 찹쌀가루를 익반죽하여 반대기를 만들어서 가운데 구멍을 뚫은 후 물에 삶아 건져 양푼에 넣고 꽈리가 일도록 많이 저어 식힌다. 다 식은 다음에는 메줏가루와 고춧가루를 넣어 잘 섞은 후에 다음날 소금으로 간을 맞추어 항아리에 담아 익힌다. 지방에 따라 찹쌀 대신에 멥쌀, 밀가루, 또는 보리를 쓰기도 한다.

고추장은 된장국이나 고추장찌개의 맛을 내는 데 쓰이고 생채, 숙채, 조림, 구이 등의 조미료, 쌈장과 초고추장, 양념고추장에도 쓰인다.

⑤ 설탕, 꿀, 조청, 엿

설탕은 고려 시대에 들어와서 단맛을 내는 조미료로 가장 많이 쓰이는데, 순도가 높을수록 단맛이 산뜻해 진다. 가공에 따라 흑설탕, 황설탕, 백설탕이 있으며 그 외 얼음사탕, 모래사탕, 각설탕 등이 있다.

한과류와 조림 등에 많이 쓰이는 조청은 곡류를 엿기름으로 당화시켜서 만든 누런색의 묽은 엿이고, 조청을 더 고아서 되직하게 하여 식힌 것이 엿이다.

꿀(白淸, 淸)은 꿀벌이 꽃의 꿀을 모아서 만든 천연 감미료로서, 80%가 과당과 포도당으로 단맛이 강하고 음식의 건조를 방지하는 흡습 작용을 한다.

⑥ 식초

식초는 신맛을 내는 조미료로, 여름에는 시원한 맛을 주며 식욕을 증진시켜 주고 소화흡수를 촉진시키는 작용을 한다.

식초의 종류에는 양조식초(곡물초, 과일초), 합성식초, 혼성식초가 있다.

양조식초는 곡물이나 과실을 발효시켜 만든 것으로 각종 유기산과 아미노산이 함유된 건강식품이며, 쌀초, 엿기름초, 현미초, 사과초, 포도초, 소맥초, 감초, 귤초, 증류초, 주정초 등이 있다.

합성식초는 빙초산을 물로 희석하여 식초산이 3~4%가 되도록 만든 것이고, 혼성식초는 합성식초와 양조식초를 혼합한 것으로 시중에서 많이 볼 수 있다.

한국음식에서 식초는 생채, 겨자채, 냉국 등의 차가운 음식에 넣어 시원하고 신 맛을 내며 초간장, 초고추장, 겨자집을 만들 때도 쓰인다.

⑦ 고추

고추는 주로 한국 음식의 매운맛을 내는 데 쓰이는데, 매운맛 성분인 캡사이신(capsaicine)은 껍질과 씨에 많이 들어있다. 고추는 당 성분과 매운맛 성분이 잘 조화되었을 때 좋은 맛을 낸다. 성숙되기 전의 풋고추, 다홍고추도 사용하며 말려서 고춧가루를 내거나 실고추로 만들어서 고명으로도 쓴다.

태양초는 고추를 햇빛에 말린 것으로 빛이 곱고 매운 맛이 강하다. 찐 고추는 빛깔이 자주색이 나고 감미로운 맛이 적으며 음식에 넣었을 때에 감칠맛이 적다. 용도에 따라 굵은 고춧가루, 중간 고춧가루, 고운 고춧가루로 나눌 수 있는데, 굵은 고춧가루는 김치용, 중간 고춧가루는 김치나 깍두기용, 고운 고춧가루는 고추장, 조미료용이다.

⑧ 파

파는 유기황화물인 독특한 자극 성분이 들어 있어 자극적 냄새와 맛을 가지며, 가장 많이 쓰이는 향신료이다. 또한 우리 체내에서 비타민 B_1의 흡수를 도와준다.

파의 종류에는 굵은 파(대파), 실파, 쪽파 등이 있는데 파의 흰 부분은 다지거나 채 썰어 양념이나 김치 담글 때 쓰고, 파란 부분은 채썰기를 하여 고명으로 쓰거나 어슷썰기를 하여 찌개나 국에 넣는다.

⑨ 마늘

마늘은 썰거나 다지면 휘발성 성분 즉, 유기황화물인 황화 알칼리로 인해 독특한 냄새와 맛이 나고, 마늘의 주성분인 알리신(allicin)은 살균 작용을 하여 식물성 항생제라고도 불리며, 또한 파와 함께 우리 체내에서 비타민 B₁의 흡수를 도와주고, 혈액 순환을 촉진시켜 준다. 그러나 지나치게 많이 섭취하면 위장 장애를 일으키거나 빈혈을 유발시킨다. 마늘은 밭 마늘이 논 마늘보다 육질이 단단하고, 저장성이 좋은 육쪽 마늘을 상품으로 친다. 마늘은 곱게 다져서 나물이나 김치 또는 양념장에 사용하고, 동치미나 나박김치에는 채썰거나 납작하게 썰어 넣는다. 풋마늘은 푸른 잎까지 양념이나 나물 재료로 쓰고 마늘종은 장아찌나 나물의 재료로 쓰인다.

⑩ 생강

생강은 쓴맛과 매운맛을 내며 강한 향을 가지고 있어서 어패류의 비린내, 육류의 누린내를 없애주며 연하게 하는 데 효과가 크다.

생선이나 육류를 조리할 때는 생강을 처음부터 넣는 것보다는 어느 정도 익은 후에 넣는 것이 좋으며, 생강은 알이 굵고 주름이 없는 것이 싱싱하다. 음식에 따라 즙만 넣거나 곱게 다져서, 또는 채로 썰거나 얇게 저며서 사용한다.

⑪ 천초

산초라고도 하며, 천초나무(초피나무)의 열매와 잎은 매운맛과 독특한 향을 가지고 있어 구충 작용이 있다. 고추가 전래되기 전에는 김치 등에 매운맛을 내는 데 사용되었다

열매는 익은 것을 건조시켜 가루를 만들어 추어탕이나 개장국 등 비린내와 기름기가 많은 음식, 사찰음식 등에 사용한다. 천초 열매가 덜 익어 푸른색일 때 식초를 부어 삭혀서 간장을 부어 천초 장아찌도 담근다.

⑫ 겨자

겨자는 갓의 씨를 말려서 갈아 가루로 만든 것으로, 건조한 상태에서는 매운맛이 없으나, 따뜻한 물에 개어 공기와 접촉하게 되면 톡 쏘는 매운맛이 생긴다.

이것은 겨자 속의 시니그린(sinigrin)이 효소 미로시나제(myrosinase)에 의해 매운 성분이 분해되었기 때문이다. 겨자는 매운맛이 나면 식초, 소금, 설탕, 간장을 넣고 개서 겨자집을 만들어 냉면, 냉채, 겨자채 등에 쓴다. 근래에

는 갓의 씨뿐만 아니라 유채의 씨도 겨잣가루의 원료로 쓰인다.

⑬ 후추

후추는 열대지방에서 나는 다년생 나무의 열매로 매운맛을 내는 향신료이다. 어패류의 비린내나 육류의 누린내를 없애고 음식의 향과 맛을 좋게 하고 식욕도 증진시킨다. 검은 후추는 미숙한 후추열매를 천일 동안 건조시킨 것으로 가루로 갈아서 육류 조리나 진한 음식을 만들 때 사용하며, 흰 후추는 완숙한 후추 열매를 불려 껍질을 벗기고 속만 갈아서 만든 것으로 향미가 부드럽고 매운 맛은 약하지만 상품이어서 흰살 생선 조리나 색이 연한 음식을 만들 때 사용한다.

통후추는 육류를 삶거나 육수를 만들 때 넣고 배숙 등의 음청류에도 쓰인다. 통후추는 사서 필요할 때마다 갈아서 쓰는 것이 제일 좋다.

⑭ 계피

계수나무의 얇은 껍질을 말린 것으로 두껍고 큰 것은 육계(肉桂)라 하며 가는 나뭇가지는 계지(桂枝)라 한다. 통 계피와 계지는 달여서 수정과의 국물이나 계지차로 쓰이며, 육계를 갈아 만든 계핏가루는 떡류, 약밥, 유과류, 전과류, 강정류, 숙실과 등에 많이 쓰이고 설탕시럽(집청꿀)에도 넣어서 독특한 향을 살린다.

⑮ 참기름

참기름은 참깨를 볶아서 짠 것으로 고소한 향과 맛을 내기 때문에 우리나라 음식에 가장 많이 쓰이는 기름이다.

특히, 독특한 향기가 강해서 나물을 무칠 때 많이 사용하며, 약과나 약식이나 양념장을 만들 때도 많이 쓰인다.

⑯ 들기름

들기름은 들깨를 볶아서 짠 것으로 참기름과는 다른 고소하고 독특한 향을 가지고 있어, 김을 발라 굽거나 나물을 무칠 때 사용한다. 들깨를 그대로 갈아서 만든 들깨가루나 들깨를 물에 담가 일어서 절구에 간 다음 체에 내려 만든 즙을 나물에 넣거나 생선이나 육류의 비린내와 누린내를 없애고, 음식의 맛을 돋우기 위해 된장국과 냉국에 넣기도 한다.

⑰ 깨소금

깨에는 검은깨(黑荏子)와 흰깨(荏子)가 있는데 통통하고 잘 여물고 입자가 고른 것이 좋다. 깨소금은 잘 여문 참깨를 익어서 통통해지고 손으로 비벼 보아 잘 부서지도록 알맞게 볶아서 소금을 약간 넣어 반쯤 빻은 것으로, 고소한 맛이 독특해서 나물을 무칠 때 쓰거나 고기를 양념할 때 쓴다.

손으로 싹싹 비벼서 겉껍질을 말끔히 없애고 씻어 일어 조금씩 볶은 실깨도 있다. 볶아서 오래 두면 향이 적어지므로 보관할 때는 뚜껑을 꼭 막아두고 쓰도록 한다.

⑱ 젓국

멸치나 새우 등으로 담근 젓갈이 삭아서 우러나온 국물이다. 맑은 멸치젓국은 나물을 무칠 때 넣거나 고춧가루와 다진 파 마늘, 매운 고추를 넣어 젓국 양념장을 만들어 쌈을 싸 먹기도 한다. 새우젓국에다 식초와 고운 고춧가루를 넣어 만든 양념 젓국으로 주로 제육과 수육을 낼 때에 곁들인다.

(2) 고 명

① 달걀지단

달걀을 흰자와 노른자로 나누어서 소금간을 한 후 번철에 기름을 두르고 풀어놓은 달걀을 얇게 펴서 양면으로 지진 것으로, 우리나라 음식의 고명 중에서 황 지단과 백 지단은 노란색과 흰색의 대표적인 고명으로 가장 많이 쓰인다.

채를 썬 지단은 국수류와 나물, 잡채, 구절판 등에 쓰이고 골패형과 완자형은 떡국이나 만두국 등의 국이나 찜, 전골 등에 쓰인다.

② 알쌈

쇠고기를 다져서 양념한 후 콩알만하게 완자를 빚어서 번철에 기름을 두르고 지진다. 그리고 달걀을 풀어 번철에 3~4㎝ 타원형으로 지지면서 완자를 한쪽에 놓고 다른 한쪽을 반달 모양으로 포개어 얹어 지진다. 이는 비빔밥이나 신선로의 고명으로 쓰고, 술안주로도 낸다.

③ 미나리적

미나리를 깨끗이 씻은 후 줄기 부분만 다듬어 꼬치에 굵은 쪽과 가는 쪽을 번갈아 빈틈없이 펜 후 자근자근 두들겨 가로 세로 약 10cm의 넓이로 네모지게 만든다. 밀가루를 고루 묻혀서 털어 내고, 소금간을 한 달걀 물에 적셔 번철에 기름을 두르고 양면을 지진다. 미나리 색이 고운 녹색으로 익으면 잘 익은 것이며, 식혀서 꼬치를 빼내고 마름모꼴이나 직사각형으로 썰어 탕, 찜, 전골, 신선로 등에 넣는다.

미나리가 억세고 좋지 않을 때는 가는 실파를 미나리적과 같은 요령으로 부쳐서 파적을 만들어 고명으로 쓴다.

④ 실백(잣, 柏子)

잣은 굵고 통통하며, 기름이 겉으로 배지 않고 보송보송한 것이 좋다. 잣은 뾰족한 쪽의 고깔(씨눈)을 떼고 통째로 사용하거나 길이로 2~3등분하여 비늘잣으로 사용하고 또 잣가루를 만들어 쓰기도 한다.

잣가루(잣소금)를 만들 때는 한지를 깔고 잘 드는 칼날로 보슬보슬하게 다져야 된다. 종이에 기름이 배면 다른 종이로 갈아가며 곱게 다지며, 보관할 때는 종이에 싸 두어야 여분의 기름이 배어 나와 잣가루가 보송보송해진다.

통잣은 전골, 탕, 신선로 등의 고명이나 떡류, 한과류의 재료, 차나 화채에 띄우고 비늘잣은 만두소나 편의 고명으로 쓴다.

잣가루는 육회나 누르미, 구절판, 전복초, 홍합초, 육포 등의 완성된 음식의 위에 뿌려 모양을 내거나, 초간장에 넣기도 한다.

우리나라 잣은 가평 잣을 제일로 치며, 국산 잣은 씨눈이 붙어 있지 않고 윤기가 있는 노랑색을 띤다.

⑤ 은행

은행은 겉껍질을 까고, 번철에 기름을 두르고 굴리면서 살짝 볶아서 새파랗게 되면, 마른 종이나 마른행주에 싸고 비벼서 속껍질을 벗긴다. 또는 소금을 약간 넣은 끓는 물에 삶아서 벗기는 방법도 있다.

신선로, 전골, 찜 등의 고명으로 쓰이고 두세 알씩 꼬치에 꿰어서 마른안주로도 쓴다.

⑥ 호두

호두는 겉껍질을 깨서 벗기고, 반으로 갈라 따뜻한 물에 초를 몇 방울 떨어뜨리고 10~15분 정도 담갔다가 끝이 뾰족한 꼬챙이로 속껍질을 벗겨서 사용한다. 물에 너무 오래 담가두면 부서지므로 양이 많을 때는 조금씩 담가 벗긴다.

생김새가 독특하여 찜, 전골, 신선로, 깨강정 등의 고명으로 쓰이고 속껍질을 벗긴 호두에 녹말가루를 입혀 기름에 튀긴 다음 소금을 뿌려 마른안주로도 쓴다.

⑦ 대추

대추는 찬물에 씻어 마른행주로 닦고 살만 발라내서 채로 썰어 실고추처럼 붉은 색의 고명으로 쓰이는데, 단맛 때문에 어느 음식에나 적합하지는 않다. 떡류나 한과류에 많이 쓰이며, 곱게 채를 썰어 보쌈김치, 백김치, 식혜, 차 등에 띄운다.

⑧ 밤

밤은 속껍질까지 깨끗이 벗긴 후, 찜에는 통째로 넣고 예쁘게 친 생률은 제수용이나 마른안주로 많이 쓰이고, 말린 밤은 황률이라고 한다.

채를 썰어 편이나 떡고물로 쓰거나 삶아서 체에 걸러 단자와 경단의 고물로도 쓰인다. 납작하고 얇게 썰어서 보쌈김치, 겨자채, 냉채 등에 넣는다.

⑨ 표고버섯

마른 표고는 물에 헹구어 낸 후 미지근하거나 따뜻한 물에 부드러워질 때까지 충분히 불려서 버섯기둥을 떼고 용도에 맞게 직사각형, 은행잎 모양, 채로 썰어서 사용한다. 살이 두꺼운 버섯을 가늘게 채 썰 때는 일단 얇게 저민 다음 채 써는 것이 좋다. 표고버섯을 담근 물은 맛 성분이 우러나 있으므로 국이나 찌개의 국물로 이용하면 좋다.

전을 부칠 때는 작은 것을 골라 간장, 설탕, 참기름 등으로 양념하여 쓰고, 고명으로 쓸 때는 간장, 설탕, 깨소금, 참기름, 다진 파, 다진 마늘, 후추로 양념하여 볶는다.

⑩ 석이버섯

석이버섯은 더운물에 불린 후 양손으로 비벼서 안쪽의 이끼를 말끔히 벗기고 깨끗한 물에 헹구어 배꼽을 떼고 용도에 맞게 썰어서 사용한다.

석이를 채로 썰 때는 말아서 썰고, 석이 채는 보쌈김치, 국수, 잡채, 선, 떡 등의 웃고명으로 쓴다.

또, 석이를 깨끗이 손질하여 바싹 말린 후 고운 가루를 만들어 흰자에 섞어 석이 지단을 부치거나 석이버섯 단자에 사용하면 좋다.

⑪ 실고추, 다홍고추

붉은 색이 고운 맏물고추를 말려서 씨를 발라내고 젖은 행주로 덮어 곱게 채를 썬 것을 나물이나 국수의 고명으로 쓰거나 나박김치 등의 김치류에 쓴다. 시중에서 기계로 썰어 파는 것은 짧게 끊어서 고명으로 쓰는 것이 좋다.

말리지 않는 다홍고추는 씨를 빼고 채 썰거나, 직사각형으로 썰어 웃기로 쓴다.

⑫ 통깨

참깨를 잘 일어 볶아 그대로 쓴다. 실 깨를 만들 때는 양이 많으면 불린 통깨를 물기가 있는 채로 절구에 넣어 살살 쓸어서 물에 담가 겉껍질을 말끔히 없애고, 양이 적을 때는 손으로 문질러 하얗게 껍질을 벗긴 다음 일어 건져서 물기를 빼고 볶는다. 실 깨를 만들어 나물, 잡채, 적, 구이 등의 고명으로 쓴다.

⑬ 고기완자

쇠고기의 살을 곱게 다지고, 두부는 다진 쇠고기의 1/5 정도를 꼭 짜서 넣고 고기 양념하여 고루 섞어서 은행 만하게 둥글게 빚는다. 완자의 크기는 음식에 따라 직경 1~2cm 정도로 빚고, 고기 양념은 간장 대신에 소금으로 하는 경우가 많다.

둥글게 빚은 완자는 밀가루를 얇게 입히고 달걀 물을 입혀서 번철에 기름을 두르고 굴리면서 전체를 고르게 지진다. 지질 때 기름을 많이 사용하면 국물에 띄웠을 때 군기름이 뜨므로 주의한다.

고기완자는 면이나 전골, 신선로의 고명으로 쓰이고, 완자탕의 건더기로 쓴다.

3) 여러 가지 썰기

(1) 기본 썰기

① 원형 썰기(통썰기) : 호박·오이·연근 등의 식품을 일정한 두께로 둥글게 써는 것을 말한다. 생채·조림 등에 이용되며 조리법에 따라 두께를 다르게 썬다.

② 반달썰기 : 무·감자·가지·호박 등을 길이로 반을 자른 후 썰어진 단면을 도마와 맞닿게 놓고 재료의 직각 방향으로 칼을 넣어 필요한 두께로 썬다. 생선찌개나 된장찌개에 들어가는 호박이나 조림에 이용되는 감자 등을 썰 때 이용된다.

③ 은행잎 썰기 : 표고버섯·애호박 등의 재료를 십자로 4등분하여 은행잎 모양으로 썬 것으로 조림이나 찌개에 이용되며 표고버섯은 고명으로도 이용한다. 반달썰기를 다시 반으로 자른 모양이 된다.

④ 굵은 채 썰기 : 굵은 채 썰기는 잡채에 넣는 정도의 채 썰기를 말한다.

⑤ 가는 채 썰기 : 재료를 원하는 길이로 잘라 얄팍얄팍하게 썬 다음 몇 개씩 포개어 놓고 손으로 가볍게 누르면서 써는 방법으로 무생채 등의 나물류에 많이 쓰인다. '가는 채 썬다'는 보통길이 4~5×0.1×0.1㎝의 채썰기를 말하며 구절판 등의 고급 요리에 쓰인다.

⑥ 얄팍썰기 : 연근이나 감자, 오이 등의 재료를 얄팍하게 써는 방법이다. 무침이나 볶음 등에 이용한다.

⑦ 어슷썰기 : 파·우엉·당근·오이·호박·셀러리 등에 길고 가는 채소를 일정한 두께로 어슷하게 타원형으로 써는 법으로 전이나 생채·조림 등에 이용되며, 요리에 따라 얇게 썰거나 굵게 썬다.

⑧ 막대썰기 : 재료를 원하는 길이로 토막낸 다음 1×1cm 정도의 굵기로 썬다.

⑨ 깍둑썰기 : 무·당근·고구마·감자 등의 식품을 사방 2㎝ 정도의 정육면체로 써는 것을 말하며 깍두기, 조림 등에 이용한다.

⑩ 장방형 썰기(골패썰기) : 무와 같이 둥근 재료는 껍질을 잘라 사각 모양의 토막을 만들어 4×1×0.2㎝의 직사각형으로 썬다.

⑪ 나박썰기 : 무나 배추 등의 재료를 얇고 나박하게 2.5×2.5×0.2㎝ 정도의 크기로 네모나게 썬 것을 말한다. 나박김치나 무국의 무를 썰 때 이용되며 가열 요리에 넣을 때는 조금 두껍게 썬다.

⑫ 완자썰기(마름모썰기) : 보통 고명으로 사용할 때 써는 방법으로 사방 2㎝ 크기의 마름모꼴로 써는 것을 말한다. 달걀 지단이나 미나리적 등을 마름모형으로 썰어 고명으로 사용한다.

⑬ 마구썰기 : 오이·당근·감자 등의 가늘고 긴 재료를 서로 반대 방향으로 각이 지게 칼을 돌리며 써는 방법으로 조림 등에 이용된다.

⑭ 깎아썰기 : 우엉·무·배 등의 식품을 돌려가면서 연필 깎듯이 얇게 쳐서 써는 방법으로 조림이나 고명 등에 쓰인다.

⑮ 돌려깎기 : 보통 오이를 썰 때 이용하는 방법으로 5~6㎝ 길이로 잘라 껍질을 벗기는 요령으로 가늘게 돌려가며 썬다. 씨 부분을 제외하고 속살까지 돌려 깎아 도마에 펴놓고 용도에 맞게 썰면 크기가 고르고 가지런하다. 가는 채, 굵은 채를 써는 경우에도 많이 이용된다.

⑯ 다져썰기 : 재료를 채 썰어 가지런히 모아 잡은 다음 다시 직각으로 잘게 써는 방법으로 요리에 따라 작게 또는 굵게 썰어 다진다.

⑰ 저며썰기 : 고기나 생선 등을 얇고 넓적하게 썰 때 쓰는 방법으로 재료를 도마에 놓고 왼손으로 위 부분을 누르고 포 뜨듯이 썬다.

⑱ 토막썰기 : 파나 미나리 등 가는 줄기를 여러 개 모아 적당한 길이로 끊는 듯이 썬다.

(2) 모양내어 썰기

① 도려내어 썰기 : 감자·당근 등의 각을 도려내어 써는 것으로 재료의 모서리를 둥글게 만드는 방법으로 끓이거나 조릴 때 모양이 뭉그러지지 않도록 하기 위함이다.

② 벚꽃 썰기 : 당근·무·과일 등의 재료에 길이로 깊게 칼집을 넣은 다음 적당한 두께로 썰어 모양을 낸다. 나박김치나 화채의 고명·전과 등에 많이 쓰인다.

③ 솔잎 썰기 : 오이·당근·붉은 고추 등의 재료를 가늘고 긴 막대 모양으

로 썬 후 한쪽의 끝 부분을 조금 남기고 중앙에 칼집을 넣어 썬 다음 찬물에 담가 벌어지게 만든다.

④ 트라이앵글 썰기 : 오이의 껍질 부분을 2×1×0.2㎝의 직사각형으로 썬다. 직사각형의 긴 쪽을 길이의 2/3만 자르고 1/3은 붙여진 채로, 한쪽 끝은 그대로 둔다.

다시 붙여진 쪽에서 일정한 간격을 띄우고 첫 번째와 나란히 길이의 2/3를 자르고 1/3은 그대로 둔다. 잘라진 양끝을 잡고 비틀어 꼰 다음 물에 담가 장식으로 이용한다.

오이 · 당근 · 홍 고추 · 황 지단 · 표고버섯 등 색색이 화려하게 만들어 장식으로 이용한다.

⑤ 비늘 썰기 : 셀러리나 파 등의 재료를 한쪽 면이 붙어있게 어슷하게 2/3 정도 칼집을 넣고 썰어 냉수에 담그면 비늘무늬가 된다. 오징어를 손질할 때 가로 · 세로로 1㎝ 간격 되게 어슷하게 2/3 정도만 칼집을 넣은 다음 알맞은 크기로 썰어 끓는 물에 데쳐 내어도 비늘 모양 또는 당초무늬가 나온다.

⑥ 세워서 돌려 썰기 : 오이 · 당근 등의 재료를 원추형으로 연필과 같이 썬 다음 경사에 따라서 비스듬히 1.5~2회를 돌려 깎아 장식용으로 쓴다.

⑦ 고추튤립 : 고추의 꼭지 부분에서 2~3㎝ 길이로 자른 후, 자른 단면을 V자 형태로 잘라 톱니바퀴 모양의 꽃무늬를 만든다. 속의 씨는 꽃의 수술과 같은 느낌을 준다. 냉수에 30여 분 담그면 활짝 핀 꽃처럼 된다.

⑧ 바람개비형 썰기 : 오이 · 바나나 등에 이용된다. 오이를 길이 5㎝ 정도로 잘라 양끝이 1㎝씩 남아있도록 수직으로 칼집을 낸 후, 다시 칼집의 끝과 끝을 대각선으로 연결해 자른다. 그러면 2개의 바람개비 형태가 된다.

⑨ 눈꽃 썰기 : 연근 등의 식품을 0.2~0.3㎝ 두께로 썬 후 가장 자리를 구멍이 뚫어진 상태로 꽃잎 모양으로 돌려 깎기 한다.

⑩ 고사리 모양 썰기 : 오이의 씨를 빼고 4×1×0.5㎝의 장방형으로 썰어 한쪽 끝이 1㎝ 정도 붙어 있는 채 같은 간격으로 칼집을 4번 내어 5장의 오이 잎을 만들고 2, 4번째 오이 잎을 구부려 끼운다.

⑪ 버섯 모양내기 : 말린 표고버섯이나 생 표고버섯을 손질하여 버섯의 등에 가위나 칼로 흰 살이 보이도록 칼집을 넣어 꽃무늬를 넣는다.

⑫ 파 꽃 만들기 : 용도에 맞게 잘라 길이로 가른 다음 자른 단면이 위로 올라가게 하여 곱게 채 썰고 냉수에 잠시 담가놓으면 파 꽃이 된다.

⑬ 양배추 채썰기 : 양배추 뿌리가 위로 오게 하여 반으로 가른 다음 뿌리를 잘라내고 한 장 한 장 떼어내고 두꺼운 줄기 부분의 잎맥은 포를 뜬다. 잎을 2~3장씩 겹쳐 말아서 가늘게 채 썰어 찬물에 담갔다가 건진다.

2. 한국 음식의 상차림

우리나라 일상음식의 상차림은 전통적으로 독상이 기본이다. 음식상에는 차려지는 상의 주식이 무엇인지에 따라 밥과 반찬을 주로 한 반상을 비롯하여 죽상, 면상, 주안상, 다과상 등으로 나눌 수 있고, 상차림의 목적에 따라 교자상, 돌상, 큰상, 제사상 등으로 나눌 수 있는데 계절에 따라 그 구성이 다양하다. 상은 네모지거나 둥근 것으로 썼으며, 여름에는 사기반상기를 겨울에는 은반상기나 유기반상기를 사용하였다.

1) 반상(飯床)차림

밥과 반찬을 주로 하는데, 받는 사람의 신분에 따라 아랫사람에게는 밥상, 어른에게는 진짓상, 임금에게는 수라상으로 불렀다. 또, 한 사람이 먹도록 차린 밥상을 외상(독상), 두 사람이 먹도록 차린 반상을 겸상이라 불렀다. 외상으로 차려진 반상에는 3첩, 5첩, 7첩, 9첩, 12첩이 있는데 여기에서 첩이란 밥, 국, 김치, 찌개(조치), 종지(간장, 초간장, 초고추장 등)를 제외한 쟁첩(반찬을 담는 작은 접시)에 담는 반찬의 수를 말한다.

7첩 반상 이상의 상을 차릴 때는 반찬 수가 많아 곁들여 차려 놓는 보조상인 곁상이 따르며, 쌍 찌개로 된장 찌개와 맑은 찌개를 올린다.

2) 죽상(粥床)차림

응이, 미음, 죽 등의 유동식을 중심으로 하고 맵지 않은 국물김치와 젓국찌개, 마른 찬 등을 갖추어 낸다.

3) 장국상(면상 : 麵床)차림

국수를 주식으로 차리는 상을 면상이라 하며 점심으로 많이 이용한다. 주식으로는 온면, 냉면, 떡국, 만두국 등이 오르며, 부식으로는 찜, 겨자채, 잡채, 편육, 전, 배추김치, 나박김치, 나물, 잡채, 전 등이 오른다. 주식이 면이므로 각종 떡류나 한과, 생과일 등을 곁들이기도 하며 이때는 화채나 수정과, 식혜 중의 한 가지를 놓는다. 술손님인 경우에는 주안상을 먼저 낸 후에 면상을 내도록 한다.

4) 주안상(酒案床)차림

술을 대접하기 위한 상차림으로 약주, 신선로, 전골, 찌개, 찜, 포, 전, 편육, 회, 나물, 나박김치, 초간장, 간장, 겨자즙, 과일, 떡과 한과류 등의 음식이 오른다.

5) 교자상(交子床)차림

잔칫날 교자상은 반상, 면상, 주안상이 함께 어울린 상차림이다.

3. 한국 음식의 종류 및 조리법

우리나라 일상 음식의 주류를 이루는 많은 음식들의 이름은 주 재료명과 주 요리법이 복합되어 이루어진다. 그 예로 닭+찜＝닭찜, 더덕+구이＝더덕구이를 들 수 있다. 물론 신선로, 구절판, 탕평채, 비빔밥 등 몇 가지 예외적인 것도 있다. 재료와 조리법이 같다 하더라도 사용하는 양념에 따라 또 다른 맛을 지닌 조리가 되며 두부젓국찌개, 두부찌개(고추장 양념)는 주재료와 조리법이 같아도 양념이 다른 조리명의 예이다.

1) 주식류

(1) 밥(飯), 수라

밥은 쌀을 비롯한 보리, 조 등의 곡물이 주가 되어 적당량의 물을 붓고 가열하여 완전히 호화시킨 음식으로 '밥을 먹는다'는 말이 바로 '음식을 먹는다.'는 뜻인 것처럼 밥은 한국 음식을 대표하는 주식으로 궁중에서는 '수라'라고 불렀다.

밥의 형태는 처음에는 토기에 곡물가루와 물을 넣고 가열한 죽의 상태였고 그 이후에는 시루에 곡물을 찐 형태였다. 서기 5세기 말 6세기 초경의 삼국 시대에는 철로 된 솥에 지금과 같은 밥을 짓기 시작하였다. 주식으로는 흰쌀밥을 주로 먹지만 쌀에 보리, 기장, 수수 등의 잡곡이나 콩, 팥 등의 콩류 또는 감자, 고구마, 밤 등의 전분질 식품을 넣어서 지어 오곡밥, 팥밥, 콩밥, 밤밥 등의 잡곡밥을 만들기도 한다. 쌀에 무, 송이버섯, 콩나물 등의 채소를 넣어 짓는 채소 밥이나 굴, 조개, 홍합 등의 패류를 넣어 짓는 밥 등의 별미 밥과 비빔밥 등의 여러 종류의 밥이 있다.

▶ **밥의 종류**

❶ 흰밥	❷ 보리밥	❸ 중등밥(홍반)	❹ 콩밥
❺ 밤밥	❻ 찰밥	❼ 차조밥	❽ 오곡밥
❾ 비빔밥(골동반)	❿ 콩탕밥	⓫ 콩나물밥	⓬ 무밥

(2) 죽(粥), 미음, 응이

곡류를 주재료로 하여 만든 반 유동식의 일종으로 쌀을 불려 갈아 참기름으로 볶아 끓인 흰죽을 비롯하여 팥죽, 콩죽, 녹두죽이 많이 이용되며, 보신 보양을 목적으로 하는 전복죽, 흑임자죽, 잣죽, 타락죽 등이 있다. 죽을 끓일 때 물의 양은 일반적으로 쌀 중량의 5~7배 가량이 필요하며 묽은 죽, 된 죽 등의 기호에 맞추어 물양을 조절한다.

죽은 센 불에서 밑이 눋지 않도록 나무 주걱으로 저으며 끓이다 끓어오르면 불을 약하게 하여, 젓지 말고 쌀알이 잘 어우러지게 끓이고 간은 나중에 한다.

미음은 죽보다 더 묽게 끓이며 쌀, 차조, 메조 등의 곡물을 그대로 푹 고아서 국물을 고운 채에 받친 것이다.

응이는 곡물을 곱게 갈아 전분을 가라앉혀 가루로 말렸다가 살짝 끓여 마실 수 있는 정도의 농도로 만든 것이다.

죽, 미음, 응이는 농도가 다르며 죽보다는 미음이 더 묽고 미음보다는 응이가 더 묽다.

▶ 죽, 미음, 응이의 종류

❶ 흰죽	·옹근 죽	·원미	·무리죽	
❷ 두태죽	·콩죽	·녹두죽	·팥죽	
❸ 장국 죽	·콩나물죽	·아욱죽	·애호박죽	·맑은 장국죽
❹ 어패류 죽	·홍합죽	·전복죽		
❺ 비단 죽	·잣죽	·호도죽	·타락죽	
	·밤죽	·행인죽	·흑임자죽	
❻ 미음	·쌀미음	·차조미음	·메조미음	·속미음
❼ 응이	·수수 응이	·연근 응이	·갈분 응이	·율무 응이
❽ 암죽	·식혜암죽	·쌀암죽	·떡암죽	·밤암죽

(3) 국수(麵)와 만두, 떡국

국수는 떡국에서 발전된 음식으로 삼국시대부터 이용되었다. 국수는 일상식의 아침, 저녁상보다는 점심상에 차려지며, 잔치 때 손님의 접대용으로 차린다. 생일날의 점심에는 장수를 비는 뜻으로 반드시 국수 상을 차리고 결혼, 회갑, 장례 등의 큰 일을 치를 때와 많은 손님을 대접할 때 손이 많이 가는 반상(밥상)보다 면상(국수상)을 차렸다.

전래의 국수는 제면(製麵)하는 기법에 따라 수제비(水低飛, 水劑非), 칼국수(刀切麵), 실국수(가는 국수, 絲麵) 등으로 나뉘어진다.

오늘날 국수의 주원료는 밀가루를 주로 사용하지만 전래의 국수는 녹두녹말, 메밀녹말, 밀가루의 순서로 사용되었고, 칡뿌리 전분 국수도 사용되었다. 황해도, 평안도, 함경도는 메밀국수, 경기도는 녹두녹말국수, 호남을 뺀 나머지 전 지역에서는 밀국수를 사용하고 있었다.

한편 국수 국물의 온도에 따라 온면과 냉면으로 분류하고 냉면의 국물로는 동치미, 냉 육수, 물김치가 이용되고 온면은 쇠고기 양지머리를 삶은 맑은 고기 장국을 주로 이용하며, 경상도 지역에선 멸치 국물도 사용한다. 수제비는 온면이고, 칼국수와 실국수는 온면과 냉면으로 이용된다.

만두와 떡국은 국수와 마찬가지로 간단한 주식으로 차려지는 음식이다. 우리나라에서는 옛날부터 설날에는 떡국을 끓여 조상께 차례를 지내 왔는데 북쪽 지방에서는 만두국을 끓여 먹었다.

떡국은 멥쌀로 떡가래를 만들어 어슷한 얇은 타원형으로 썰어 육수에 넣어 끓인다. 충청도의 생떡국, 개성의 조랭이 떡국 등 향토 떡국도 있다.

▶ **국수와 만두, 떡국의 종류**

❶ 온면	·국수장국	·면 신선로	·제물밀국수		
❷ 냉면	·장국냉면	·냉면	·비빔면		
❸ 만두	·만두	·어만두	·편수	·규아상	·준치만두
❹ 떡국기타	·흰 떡국	·생떡국	·수제비	·칼싹둑이	

2) 부식류

(1) 국(湯)

국은 밥이 주식인 우리나라 사람의 반상차림에서 반드시 밥과 함께 차려지는 필수 부식으로 '탕'이라고도 부른다.

국의 종류로는 맑은 장국, 된장국, 곰국, 냉국이 있으며 수조육류, 어패류, 채소, 해조류뿐만 아니라 쇠고기의 뼈와 내장, 선지까지도 고루 재료로 사용된다.

국의 종류를 선정할 때는 계절, 밥의 종류, 반찬의 내용 등에 따라서 맛과 색채감, 영양상의 조화를 고려하여야 한다. 국건더기의 양은 국물의 약 1/3 이 적당하여 1인당 건더기의 양은 60~100g이면 충분하다.

▶ **국의 종류**

❶ 맑은장국	· 애탕	· 대합탕	· 조깃국
	· 준치국	· 미역국(곽탕)	· 북어국
	· 버섯국	· 토란탕	· 송이국
	· 등골탕		
❷ 토장국	· 소루쟁이국	· 시금칫국	· 아욱국
	· 오이무름국	· 배추속댓국	· 싸리버섯국
❸ 곰국	· 곰국	· 가릿국	· 영계백숙
	· 용봉탕	· 육개장	· 설렁탕
❹ 찬국	· 오이찬국	· 미역찬국	· 임자수탕
	· 깻국탕		
❺ 기타	· 해삼탕	· 도미면	

(2) 찌개(조치)

찌개는 궁중 용어로 조치라 하며 우리나라 사람들이 가장 즐겨 먹는 부식 중의 하나이다. 찌개는 국의 한 형태로 발달한 것으로 보이며, 통일 신라 시대 최치원의 글에서 국이 처음으로 등장하고 찌개는 조선시대의 문헌에서 처음으로 나타나는데, 조치란 조선시대 궁중의 조리 용어로 찌개라는 말보다 일찍부터 발달해 온 용어이다.

상을 차릴 때 첩 수에 들어가지 않는 기본적인 밥반찬이다. 3첩 반상에는 차려지지 않으며, 5첩, 7첩 반상에는 1가지만 차리고 9첩, 12첩 반상에는 맑은 조치와 흐린 조치의 쌍 조치가 차려진다. 찌개는 국과 거의 비슷한 조리법으로 국보다는 국물이 적고 더 짠 것이 특색이다. 건더기와 국물을 반반 정도의 비율로 넣어 끓이므로 국물 위주의 국보다는 국물이 적어 건더기가 찌개의 2/3 정도가 적당하다.

국보다는 간을 짜게 조리하는 특징이 있어 국의 염도는 1%, 찌개의 염도는 2%가 적당하다. 감정(지짐이)은 찌개보다는 국물이 더 많으며 주로 고추장 양념을 한다.

찌개의 국물은 간을 맞추는 재료에 따라 국물의 혼탁 정도가 다르고 소금이나 새우젓으로 간하여 국물이 맑은 찌개를 '맑은 조치', 고추장이나 된장으로 간을 하여 국물이 흐린 것을 '흐린 조치'라 한다.

또한 간을 맞추는 주재료에 따라 새우젓으로 간을 맞추면 '젓국찌개'라 하고, 고추장으로 간을 맞추면 '고추장찌개', 된장으로 간을 맞추면 '된장찌개'로 분류하기도 한다. 고추장만 넣어 얼큰하게 끓이면 술안주로 좋다.

▶ **조치의 종류**

❶ 된장조치	· 묽은 된장찌개	· 강된장찌개	· 청국장찌개
❷ 고추장조치	· 맛살찌개	· 두부찌개	· 대구찌개
	· 호박감정	· 게 감정	· 민어감정
	· 조기감정	· 오이감정	
❸ 젓국조치	· 굴젓국찌개	· 암치젓국찌개	· 애호박젓국찌개
	· 알찌개	· 두부젓국찌개	· 준치젓국찌개

(3) 전골

전골은 여러 재료를 한 그릇에 넣고 끓이는 조리법으로, 여러 재료의 조화된 맛을 즐기는 음식이다. 전골은 안심, 곱창 등의 고기나 대합, 낙지 등의 어패류를 가늘게 썰어 양념을 하거나 전유어로 하고, 당근, 미나리, 표고 등의 채소를 색을 맞추어 옆옆이 돌려 담은 후 국간장으로 간을 한 맑은 육수를 조금씩 부으며 끓이는 국물 음식으로, 한 그릇 안에 육류, 어패류, 채소가 골고루 들어간 음식이다.

찌개와 비슷하지만 찌개는 미리 끓여서 내놓는 데 비해 전골은 불 위에 냄비를 얹어 두고 국물과 재료를 더 보충하여 요리하면서 먹는 것이 특징이다.

원래는 전골 틀은 벙거짓골 또는 전립골이라 하여 무쇠나 곱돌로 만든 모자 모양의 국물 담는 곳의 움푹 패인 형태이나, 일반적으로 약간 춤이 낮고 넓은 냄비를 와전하여 전골 냄비로 사용하고 있다. 우리나라의 신선로(열구자탕)가 유명하다.

▶ **전골의 종류**

❶ 낙지전골　　❷ 갖은 전골　　❸ 조개관자전골
❹ 송이전골　　❺ 쇠고기전골　　❻ 두부전골
❼ 버섯전골　　❽ 신선로(열구자탕)

(4) 찜과 선

찜은 반상, 교자상, 주안상 등에 차려내는 요리로서, 주재료에 갖은 양념을 하여 물을 적게 붓고 오래 삶거나 수증기로 쪄서 만드는 조리법이다.

갈비, 닭, 생선 등의 육류, 어류나 버섯, 두부, 오이, 가지, 호박 등의 채소를 주재료로 하여 양념한 후 푹 익혀서 그 재료의 맛과 양념이 고루 어우러지고 물이 자작하게 조리하는 방법으로, 양념한 재료를 찌기도 한다.

육·어류를 찜을 하면 '찜'이라 하고 버섯, 두부, 오이, 가지, 호박 등의 채소를 주재료로 찜을 하면 '선(膳)'이라 한다.

육류로 찜을 할 때는 재료를 익힌 후 양념을 하는데, 양념은 한꺼번에 넣으면 재료와 양념의 농도 차에 의하여 양념이 충분히 스며들지 못하고 재료는 탈수 작용에 의하여 딱딱해지므로 양념을 두 차례 이상에 걸쳐 나누어 넣는 것이 좋다.

찜은 양념이 재료 속에 배이게 하는 것이 중요하므로 물을 소량 붓고 약불로 오래 끓여 재료 속에 충분히 침투시키는 것이 중요하다. 불을 강하게 하여 끓이면 양념이 재료에 스며들기도 전에 수분이 증발하여 버린다.

선은 흰 생선이나 두부, 호박, 가지, 오이, 배추와 같은 식물성 식품에 소를 넣고 찌는 요리이다. 대개 재료에 녹말을 뿌려 찐 것으로 식품 고유의 맛과 향을 즐길 수 있다.

▶ **찜과 선의 종류**

❶ 육류 찜	·가리찜	·닭찜	·사태찜
	·우설찜	·곤자소니찜	
❷ 어패류 찜	·도미찜	·숭어찜	·전복찜
	·북어찜	·준치찜	
❸ 채소류 찜	·송이찜	·죽순찜	·가지찜
❹ 기타	·떡볶이		
❺ 선	·가지선	·오이선	·애호박선
	·채란	·어선	·두부선

(5) 조림과 초(炒)

조림이란 고기나 생선을 큼직하게 썬 다음 진간장이나 고추장으로 강하게 간을 하여 불을 약하게 하여 오래 익히는 조리법이다.

조림은 조미료의 양, 국물의 양, 불 조절에 의하여 맛이 달라진다.

조리기 시작할 때는 센 불에서 시작하며 끓기 시작하면 약간 약하게 하되 계속적으로 끓을 정도로 조절하고 재료가 무르면 불을 아주 약하게 하여 밑이 타지 않도록 뜸 들이는 정도로 둔다.

초는 조림과 같은 방법으로 조리하되, 조림 국물에 녹말가루를 풀어 넣고 익혀 재료에 엉기도록 하는 조리법으로 전복초, 홍합초 등이 있다.

▶ **조림과 초의 종류**

❶ 조림	·조기조림	·장포육	·홍두깨살 장조림
	·장똑도기	·두부조림	
❷ 초	·전복초	·홍합초	·삼합초

(6) 전(煎油花, 전유어, 저냐)

전은 글자 그대로 기름에 지진다는 뜻으로 중국에서는 전유화(煎油花)라 쓰고 '전유어'라 읽으며, 전유어를 줄여 '저냐', '전'이라고도 한다. 또한 지짐개라고도 하며 이것이 제수(祭需)용이면 간납(肝納)이라고도 한다.

철제 기구인 번철의 발달과 기름의 식용이 가능해지면서 직화로 굽던 구이 음식은 밀가루, 달걀 물을 씌워 지지는 전의 형태로 발달하였다.

전은 고기, 생선, 채소 등의 재료를 다져 반대기를 짓거나, 작고 얇게 저미며 소금으로 밑간을 하여 밀가루를 묻히고 달걀 물을 씌워 번철에 기름을 두르고 지지는 조리법이다. 달걀을 사용하여 색이 아름답고 지지는 기름의 특별한 풍미가 있어, 명절이나 큰 일을 치를 때는 꼭 빠지지 않으며, 주로 반상, 면상, 교자상, 주안상 등에 차려진다. 대개 초간장을 곁들여 찍어 먹으며, 채소전은 지방에 따라 초고추장을 찍어 먹기도 한다. 전은 따뜻할 때 먹으면 한층 맛이 좋다.

▶ **전의 종류**

❶ 육류 전	· 완자전	· 간전	· 천엽전
	· 양동구리	· 부아전	
❷ 채소류 전	· 표고전	· 버섯전	· 풋고추전
	· 감국전		
❸ 어패류 전	· 민어전	· 해삼전	· 새우전
	· 조개관자전		
❹ 기타	· 밀전병	· 빈대떡	

(7) 구이

구이는 외부에서 높은 열로 식품의 표면을 응고시켜 속의 영양분과 맛이 밖으로 나오지 않게 하는 한편 조미료가 재료에 배어 들어가서 독특한 맛과 냄새가 나게 하는 조리법이다.

구이는 인간이 불을 발견한 이후 사용한 가열조리법 중 가장 먼저 시작된 조리법으로 우리나라에서는 일찍부터 '적'이란 조리법에서 발달하였으며 기본적인 육적과 어적은 19세기에 이르러 외관이 변형되면서 오늘에 이른다.

우리나라의 신석기 시대의 집터에서 화덕 터와 숯이 섞인 돌 더미가 발굴된 것으로 보아 구이와 함께 찜의 조리법도 있었던 것으로 짐작된다.

구이는 조리 기구 없이도 불에 구워낼 수 있는 가장 원초적인 조리 방법으로 고기를 손에 잡고 구우면 뜨거우므로 꼬챙이에 꿰어 굽다가(적, 炙) 돌을 달구어 구웠다(번, 燔). 그 후 청동기 시대 철이 발견된 이후부터 철판(번철, 燔鐵)이나 석쇠(적쇠, 炙鐵) 위에서 굽게 되었다.

재료를 꼬챙이(첨자, 籤子)에 꿰거나 석쇠에 얹어 직접 불길을 쬐어 직화로 굽는 것을 직접구이라 하고 번철을 달구어서 굽는 것을 간접구이라 한다.

직화에서 구워지는 음식은 구울 때 형성되는 훈연 효과에 의해 구이 특유의 맛이 있다.

간을 하는 재료에 따라 소금으로 간을 하는 소금구이, 양념 간장을 발라 굽는 양념(간)장구이, 고추장(양념)구이로 나눌 수 있다.

구이의 재료로는 쇠고기, 돼지고기, 닭고기 등의 수조육류와 소 내장(소 염통, 소 콩팥), 갈비, 어패류(대합, 민어, 뱅어포, 병어, 오징어), 더덕 등의 채소류, 송이버섯 등의 버섯류, 김 등의 해조류 등이 다양하게 이용된다.

우리나라의 전통적인 고기구이는 불고기의 원조인 맥적(貊炙)이며, 이 맥적은 미리 조미하여 불에 직접 굽는 맥족의 고기 요리를 가리키는데, 맥이란 고구려를 뜻하므로 고구려의 고기구이라는 뜻이다. 중국의 한나라까지 전래되어 명성을 떨친 우리 전통 음식이다.

맥적의 재료는 소, 돼지, 개 등으로 고기의 종류는 가리지 않았으며 넓적하게 저민 고기에다 부추와 마늘을 풍성히 넣고 소금, 간장, 기름, 술, 식초 등의 기본 조미료로 미리 조미하여 꼬챙이에 꽂아서 구웠으며 오늘날처럼 파, 마늘을 필수 조미료로 하고 있지는 않았다.

▶ **구이의 종류**

❶ 육류	· 너비아니	· 콩팥구이	· 염통구이
	· 갈비구이	· 닭구이	· 양지머리편육구이
❷ 어패류	· 삼치구이	· 잉어구이	· 도미구이
	· 민어구이	· 대합구이	· 생복구이
❸ 기타	· 더덕구이	· 김구이	

(8) 적(炙)

적은 꼬챙이에 꿰어서 굽는 조리법의 총칭으로, 대나무로 다듬은 산적꼬치에 어·육류나 채소 등을 양념하여 꿰어 불에 굽거나 지지는 조리법이다.

적에는 산적(散炙)과 누르미가 있고 누르미는 다시 누르미와 누름적으로 나뉘어진다. 산적은 생 재료를 양념하여 꿰어 옷을 입히지 않고 굽는 요리이며 간장에 다시 졸이는 장산적(醬散炙)과 섭산적 같이 꼬치에 꿰지 않고 익히는 것도 있다.

익혀 끼우면 누름적, 밀가루 부침 식으로, 넓게 지지면 지짐누름적이라 한다. 지짐누름적은 꼬치를 빼고 상에 올리고 초간장을 곁들이기도 한다.

▶ **적의 종류**

❶ 산적	·움파산적	·두릅산적	·어산적	
	·닭산적	·송이산적	·장산적	
	·섭산적	·생치산적		
❷ 누르미	·화양누르미	·잡누르미	·두릅적	·김치적

(9) 편육과 족편

편육은 고기를 푹 삶아 물기를 뺀 다음 눌러서 굳힌 후, 얇게 저민 것으로, 쇠머리나 우설, 양지머리가 가장 좋은 편육감이다.

족편은 쇠꼬리나 족을 푹 고아 석이채, 알고명, 실고추를 뿌려 식혀서 묵처럼 엉기게 한 음식이다.

▶ **편육과 족편의 종류**

❶ 편육	·양지머리편육	·우설편육	·쇠머리편육
	·돼지머리편육	·삼겹살편육	
❷ 족편	·쇠족편		
❸ 기타	·전약		

(10) 나 물

나물에는 익혀서 만드는 숙채와 날것으로 무치는 생채, 그리고 고기와 여러 가지 재료를 섞어서 만드는 잡채가 있다. 나물의 양념으로 가장 중요한 것은 참기름으로, 나물과 참기름의 조화는 우리 나물 문화의 특징이다.

채소의 섬유질 함량에 따라 적당히 삶고 각 나물의 향과 맛을 잘 살리도록 양념을 적당히 넣은 후 양념이 잘 배도록 무치는 것이 중요하다.

숙채는 채소를 볶든가 끓는 물에 데쳐서 양념하는 방법이다.

생채는 보통 채소를 익히지 않고 무치는 조리법으로 식초를 넣어 시큼하게 무치는 것이 특징이다. 맛은 숙채보다 훨씬 산뜻하고 재료의 맛을 그대로 살리며 비타민 C와 섬유소도 충분히 섭취할 수 있는 요리법이다.

▶ 나물의 종류

❶ 숙채	· 물쑥나물	· 산나물	· 두릅나물
	· 씀바귀나물	· 도라지나물	· 고사리나물
	· 애호박눈썹나물	· 오이나물	· 가지나물
	· 버섯나물	· 표고버섯나물	· 싸리버섯나물
	· 능이버섯나물	· 박나물	· 무나물
	· 시래기나물	· 숙주나물	· 늙은 호박나물
	· 호박오가리나물	· 구절판	· 밀쌈
❷ 생채	· 도라지생채	· 오이생채	· 무생채
	· 더덕생채	· 겨자채	· 상추쌈
❸ 잡채	· 잡채	· 탕평채	· 죽순채
	· 월과채	· 숙주채	
❹ 기타	· 떡심채		

(11) 회(膾)

회는 육류, 어패류, 채소 등을 날로, 또는 익혀서 초간장, 초고추장, 겨자장, 소금기름 등에 찍어 먹는 음식으로 주안상에 많이 차려진다.

생것으로 먹는 회는 쇠고기 살코기로 만든 육회와 간, 천엽, 양 등의 내장으로 만든 갑회가 있으며, 신선한 흰살 생선과 굴, 해삼 등도 있다.

숙회는 익힌 회로 오징어, 문어, 낙지, 새우, 미나리, 실파, 두릅 등을 끓는
물에 살짝 데쳐 만든다.

▶ **회의 종류**

❶ 생회	· 육회	· 어회	· 굴회	
	· 갑회	· 조개관자회		
❷ 숙회	· 대합숙회	· 상어숙회	· 어채	· 문어숙회
	· 미나리강회	· 파강회	· 두릅회	

(12) 포와 마른안주

포는 고기를 도톰하게 썰어 양념하여 말린 포육을 뜻하며, 대구 등의 흰 살
생선을 말린 어포도 있다.

마른안주는 술안주 외에 마른 찬으로 쓰이기도 한다.

▶ **포와 마른안주의 종류**

❶ 포육	· 약포	· 대추편포	· 칠보편포	· 육포 쌈
❷ 어포	· 암치포	· 대구포	· 전복쌈	
❸ 마른안주	· 약포	· 곶감 쌈	· 잣솔	
	· 대추	· 생률	· 마른 문어	
	· 은행	· 호두튀김	· 어란	

(13) 자반과 장아찌

자반은 보존성이 있고 맛이 짙어 반상의 밥반찬으로 두루 쓰이고, 주안상
이나 교자상에 사용되며 특히 오래 보관할 수 있어 밑반찬으로 좋은 음식이
고 포(육포, 어포), 튀각, 부각이 속한다.

장아찌는 마늘, 마늘종, 무, 더덕, 오이 등의 채소가 많이 생산되는 철에
간장, 고추장, 된장이나 식초, 젓갈 등에 넣어 오래 절여 두고 먹는 밑반찬으
로, 날로 만드는 것이다. 먹기 직전에 참기름, 깨소금, 설탕으로 다시 조미하

여 먹는다. 장아찌를 만들 때는 채소의 수분을 뺀 후 장에 넣어야 무르거나 맛이 변하지 않는다.

장아찌에 속하는 장과는 주로 궁중에서 만들던 것으로 재료를 장에 담그는 것이 아니라 재료가 되는 채소와 볶은 고기 등을 간장으로 조린 즉석 장아찌를 말한다.

▶ **자반과 장아찌의 종류**

❶ 자반	·고추장볶이	·매듭자반	·김부각
	·북어무침	·참죽자반	·다시마튀각
	·참죽부각	·준치자반	
❷ 장아찌	·두부장과	·오이갑장과	·오이통장과
	·미나리장과	·무장과	·무 · 오이장과
	·쪽장과	·삼합장과	·마늘통장아찌
	·가지장아찌	·무말랭이 장아찌	
	·깻잎장아찌		

(14) 젓갈과 식해

젓갈은 김치, 장과 더불어 우리나라 3대 발효 식품 중의 하나로 바닷고기와 민물고기에 익숙한 우리 조상들이 어패류의 저장을 목적으로 선사 시대부터 만들어 제형음식(祭亨飮食), 연회음식(宴會飮食)으로 사용하다가 삼국 형성기부터 음식의 밑반찬으로 사용되기 시작하였다.

젓갈은 생선을 주로 사용하며 조개, 새우, 게 등의 갑각류나 오징어, 꼴뚜기 등의 연체류 등을 통째로 또는 절단하거나 어류의 내장이나 알만을 따로 모아 20% 내외의 소금에 버무려 부패균의 번식을 억제하면서 2~3개월 동안 상온에서 숙성시켜 만든다. 숙성되는 동안 재료가 가진 자체 효소에 의한 자가 소화와 숙성 중 내염성 미생물이 분비하는 효소 작용에 의하여 원료 물질이 어느 정도 분해되고, 비린내가 감소되면서 구수한 아미노산 발효 맛을 내게 되며 즙액이 생긴다.

젓갈은 반찬용과 김치용으로 많이 이용되는데 김치용으로는 주로 젓국의 형태로 사용한다.

식해는 내장을 제거한 생선 전체를 뼈째 먹을 수 있도록 염장 발효시킨 저장 식품이다. 내장을 제거하고 씻은 후 적당한 크기로 자르거나 칼집을 낸 후 6~8%의 소금을 버무려 하룻밤 절인 후 미리 삶아서 식힌 조밥(혹은 쌀밥), 고춧가루, 다진 마늘 등과 혼합하여 상온에서 2~3일간 숙성시킨다.

▶ **젓갈의 종류**

❶ 조기젓　　❷ 멸치젓　　❸ 명란젓　　❹ 참게젓
❺ 창란젓　　❻ 어리굴젓　　❼ 조개젓　　❽ 꽃게장
❾ 소라젓

▶ **식해의 종류**

❶ 마른고기식해　　❷ 북어식해　　❸ 오징어식해　　❹ 동태식해
❺ 가자미식해

(15) 김 치

김치는 우리나라를 대표하는 음식으로 무, 배추 등의 주재료에 젓갈, 고춧가루, 파, 마늘, 생강 등의 부재료를 섞어 유산균 발효에 의해 익히는 음식이다.

김치는 알맞게 익었을 때 영양가가 가장 높고 젖산, 구연산, 옥살산, 식초산 등이 생겨 새콤하고 부수적으로 생성되는 탄산가스의 의해 시원한 맛이 생성된다.

김치는 중국에서 시작되어 우리나라에 들어와서 우리 기후와 풍토에 맞는 한국 고유의 독특한 음식으로 발전되고 일본에 그 기술이 전파되었을 것으로 추정된다.

우리나라에서는 상고 시대부터 발효성 식품 가공법을 활용하였으리라 짐작할 수 있다. 지금의 장아찌와 같은 것이다. 이 김치에 이용된 재료로는 식

용이 가능한 산 채소, 들 채소 중에 소금 절임에 견딜 수 있는 것이다. 담금법은 소금에만 절이는 것, 소금과 술 또는 술지게미에 절이는 것, 소금과 쌀죽을 섞어 절이는 것, 소금과 식초를 섞어 절이는 것 등이 있다.

고려시대에는 이규보의 시문 「순무」에 순무 소금 절임과 동치미가 나타나며, 이 시기에는 지금과 같은 김치 형태가 아닌 고추가 전래되기 이전의 담백한 채소 절임류 형태이다. 당시에 소금에 절이는 형태를 염지라 하고 무에 마늘을 섞어 재운다하여 침채라는 특유의 이름이 붙었다.

이 '침채'라는 이름이 구개음화 현상에 의해 침채 → 팀채 → 딤채 → 김채 → 김치로 되어 오늘에 와서는 김치라고 불리는 것이다.

김치의 종류는 담그는 때에 따라 보통 때에 담그는 맛김치와 김장김치로 대별되며, 양념류에 젓갈을 넣는 젓갈김치와 넣지 않는 물김치로 대별한다. 계절에 따른 분류로는 여름김치, 봄김치가 있다. 재료와 시기, 지방에 따라 그 종류도 다양하여 주재료인 채소류와 식염 외에 고추, 마늘, 생강, 파 등의 향신료와 새우젓, 멸치젓, 황석어젓(조기젓) 등의 젓갈류, 그밖에 지역이나 계절에 따른 원료 사정이 달라지며 기후 풍토에 따른 식염 가감이나 기호에 맞춰 양념 조절을 하는 등 다양하게 만들어져 김치의 종류는 무려 200여 종이나 된다. 오늘날까지도 가장 널리 담가먹는 김치는 통김치, 섞박지, 보쌈김치, 동치미, 깍두기, 백김치 등이 김장김치를 대표한다.

▶ 대표적인 김치의 종류

❶ 통김치	❷ 깍두기	❸ 무청깍두기	❹ 보쌈김치
❺ 동치미	❻ 섞박지	❼ 늙은호박김치	❽ 오이소박이김치
❾ 열무김치	❿ 장김치	⓫ 나박김치	⓬ 박김치

3) 떡과 한과

(1) 떡

곡물가루를 시루에 얹혀 증기로 쪄내는 것으로 설기(무리떡)와 켜떡이 있다. 설기는 쌀가루에 물을 내려 한 덩어리가 되게 찐 떡으로 대표적인 것으로 쌀가루만으로 만든 백설기가 있으며 쌀가루에 섞은 재료에 따라 콩 설기, 쑥설기, 감설기, 잡과병, 당귀병 등이 있다.

멥쌀가루나 찹쌀을 시루나 절구, 떡판에 끈기가 나도록 쳐서 만드는 떡을 기본으로 하여 만드는 떡으로는 인절미, 흰떡, 절편, 개피떡 등이 있다.

쌀가루를 익반죽하거나 쪄서 모양을 빚은 떡으로는 송편, 경단, 단자(團子)가 있다. 송편은 멥쌀가루를 익반죽하여 콩, 깨, 밤 등을 소로 넣어 빚은 후 솔잎을 켜켜이 깔고 찐 떡이다.

경단은 찹쌀가루나 찰수수 가루를 익반죽하여 둥글게 빚어 끓는 물에 삶아 건져 콩고물, 깨고물, 팥고물 등의 고물을 묻힌 떡이다.

단자는 반죽한 찹쌀가루에 여러 가지 재료를 섞어 쪄서 소를 넣어 빚고 고물을 묻히는 떡이다.

▶ **떡의 종류**

❶ 찌는 떡	·백편	·승검초편	·꿀편
	·녹두편	·쑥편	·찰편
	·수리취떡	·느티떡	·무시루떡
	·석탄병	·잡과병	·물호박떡
	·두텁떡		
❷ 치는 떡	·인절미	·수리취인절미	·수리취절편
	·개피떡	·골무떡	
❸ 빚는 떡	·송편	·노비송편	·재증병
	·색 단자	·석이단자	·은행단자
	·밤 단자	·쑥굴레	·찹쌀경단
	·수수경단		
❹ 지지는 떡	·흰색주악	·승검초주악	·은행주악
	·대추주악	·석이주악	·진달래꽃전
	·수수부꾸미		
❺ 기타	·약식		

찹쌀가루를 익반죽하여 모양을 빚어서 기름에 지지는 떡에는 화전, 주악, 부꾸미가 있으며 주로 괸 떡의 웃기떡으로 사용하고 후식으로도 먹는다.

화전은 반죽을 빚어 계절에 피는 꽃을 붙여 지지는 것으로 봄에는 진달래, 여름에는 장미, 가을에는 감꽃을 이용한다.

(2) 한과류(韓菓類)

우리나라에서는 전통적으로 과자를 과정류(菓釘類)라고 하며, 외래의 과자와 구별하여 한과류(韓菓類)라고도 한다. 유밀과, 다식, 정과, 과편, 숙실과, 엿강정을 통틀어 말하며 후식, 제사상, 잔칫상의 필수적인 음식이다.

한과의 주재료는 대개 곡물, 꿀, 기름이다. 식품 역사상 이 세 가지 재료가 다 갖추어진 때는 삼국 시대이지만, 이들을 응용하여 한과가 만들어진 것은 통일 신라 시대로 보인다. 통일 신라 시대에는 불교가 융성하여 차를 마시는 풍속이 성행하였으며, 본래 한과는 차에 곁들일 목적으로 만들어졌기 때문이다.

▶ **한과의 종류**

❶ 유밀과	·강정	·약과	·매작과
❷ 다식	·송화다식	·흑임자다식	·승검초다식
	·녹말다식	·밤다식	·쌀다식
❸ 정과	·연근정과	·생강정과	·행인정과
❹ 과편	·복분자편	·살구편	·앵두편
❺ 숙실과	·생란	·조란	·율란
	·밤초	·대추초	·잣박산
❻ 엿강정	·콩엿강정	·땅콩엿강정	

4) 음청류(飮淸類)

외래 음료에 맞먹는 전래의 우리나라 음료를 음청류라 하며, '시원한 쾌감을 주는 음료'를 뜻한다. 옛날부터 우리나라의 물맛이 맑고 좋았기 때문에 음청류의 역사는 그리 길지 못하며, 물맛이 좋지 않은 중국에서 일찍이 음청류를 개발했던 것과는 대조적이었다.

음청류는 식혜와 감주, 화채류(오미자화재, 과즙화채, 꿀물화채) 생강 끓인 물을 바탕으로 한 음료류, 미시류, 탕류, 장류, 숙수로 분류할 수 있다.

식혜는 되직한 흰밥이나 찰밥에 엿기름가루 우린 물을 부어 아밀라아제(amylase)를 이용하여 밥알을 삭힌 음료이다. 식혜와 감주의 차이점을 보면, 감주는 국물과 밥알을 함께 끓여 식힌 것이고, 식혜는 국물을 끓여 식히고 밥알은 찬물에 헹궈 건져 먹을 때 국물에 띄워 내는 것이다.

화채류는 오미자 국물, 과즙, 꿀물에 계절 과일을 저미거나 꽃과 잣을 띄우는 음료로, 오미자 국물을 이용한 화채를 오미자 화채라 하며, 국물 위에 띄우는 재료에 따라서 진달래화채, 가련화채, 밀감화채, 보리수단, 창면, 난면 등의 종류가 있다.

▶ 음청류의 종류

1. 화 채

❶ 오미자국 화채	·진달래화채	·가련화채	·배화채
	·밀감화채	·복숭아화채	·보리수단
	·창면		
❷ 과즙 화채	·산딸기화채	·앵두화채	
❸ 꿀물 화채	·배숙	·향설고	·유자화채
	·원소병	·떡수단	·식혜

2. 차

❶ 녹차	·엽차	·녹산차, 두충차	
❷ 기타	·구기자차	·결명자차	·율무차
	·모과차	·유자차	·생강차
	·제호탕	·오과차	

4. 통과의례 음식과 상차림

통과의례란 사람이 태어나서 성장하고 생을 마칠 때까지 지나게 되는 몇 고비의 의례를 말한다. 이들 의례에는 규범화된 의식이 있고, 의례의 의미를 상징하는 음식이 따르게 된다.

1) 출생(出生)

아이가 태어나면 산욕을 시킨 다음 삼신께 아기의 탄생과 순산을 감사하는 뜻의 삼신상(三神床)을 준비한다. 흰밥과 미역국을 각각 3그릇씩 놓고, 산모에게는 흰밥과 소미역국으로 첫 국밥을 대접한다. 아기의 무병장수를 기원하는 뜻에서 쌀은 아홉 번 씻고 미역은 접거나 끊지 않은 장곽으로 끓인다.

2) 삼칠일(三七日)

아이가 태어난 지 21일째 되는 날을 축하하는 날이다. 흰 쌀밥에 고기를 넣고 끓인 미역국과 백설기가 준비된다. 이때 백설기는 아기와 산모를 속인의 세계와 섞지 않고 삼신의 보호 아래 둔다는 의미에서 집 안에 모인 가족끼리만 나눠 먹고 대문 밖으로는 내보내지 않는다.

3) 백일(白日)

출생 후 백일이 되는 날을 축하하는 날이다. 백이라는 숫자에는 완전, 성숙 등의 의미가 있으므로 아기가 이 완성된 단계를 무사히 넘기게 되었음을 축하한다는 뜻으로 해석된다. 백일 상에는 흰밥과 고기를 넣고 끓인 미역국, 푸른색의 나물, 백설기, 붉은 팥고물 차수수경단, 오색송편 등의 떡이 오른다.

4) 첫 돌

아기가 만 1년이 되면 첫 생일을 축하하는 돌상을 차려준다. 아기의 무병장수와 다재다복을 바라는 마음으로 차려준다. 흰밥과 미역국, 푸른 나물(미나리 등을 자르지 않고 긴 채로 무친 것), 백설기, 오색송편, 인절미, 차수수 경단, 생실과 쌀(식복이 많은 것을 기원), 국수 삶은 것(장수를 기원), 대추 (자손의 번영을 기원)등의 음식을 준비한다.

5) 책례(册禮)

아이가 서당에 다니면서 책을 한 권씩 뗄 때마다 행하던 의례로 지금은 거의 없어진 풍속 중의 하나이다. 오색송편을 만들어 선생님과 친지들이 한 께 나누었다.

6) 관례(冠禮)

아이가 자라 만 15세 이상이 되면 어른이 되었음을 상징하는 의식이 행하 여지는데, 이를 관례라고 한다. 술을 비롯한 안주용 음식과 국수장국, 떡, 조 과, 생과, 식혜, 수정과 등이 올려진다.

7) 혼례(婚禮)

① 혼례상 : 닭 1쌍, 백미 두 그릇, 술, 밤, 대추, 은행

② 봉채떡(봉치떡) : 혼서와 채단이 담긴 함을 받기 위해 신부집에서 만 드는 떡이다. 찹쌀 3되와 붉은 팥 1되로 시루에 2켜만 안쳐 위 켜 중앙에 대 추 7개를 둥글게 모아 놓고 함이 들어올 시간에 맞추어 찐 찹쌀시루떡이다.

③ 교배상 :대추와 밤, 조과를 두 그릇씩 진설하고, 닭 2마리와 달떡, 색편 을 놓는다.

④ 폐백 : 대추고임, 편포나 통 닭찜 등을 준비한다.

⑤ 큰상차림 : 떡, 숙실과, 견과, 유밀과, 각색당 등을 높이 괴어서 상의 앞쪽에 색을 맞추어 배상하고 가화로 장식한다. 주식은 면류로 한다.

8) 육순(六旬), 회갑(回甲), 진갑(進甲)

혼례처럼 고배상을 차리고 자손들은 헌주하고, 손님들에게 국수장국을 대 접한다.

유밀과, 가정, 다식, 다속, 생실과, 건과, 정과, 편, 건어물, 초, 적 등의 음식 을 차린다.

9) 회혼(回婚)

혼례를 올리고 만 60년을 해로한 해를 회혼이라 하는데, 혼례 때 차리는 큰상으로 상차림 한다.

10) 상례(喪禮)

부모님이 수를 다하여 운명하시게 되면 예를 갖추어 장사를 지내게 된다. 장례 전에 영좌 앞에 간단한 음식을 차려 놓는 예식을 전(奠)이라 하는데 음식은 술과 과일을 올린다. 조석상식(朝夕上食)은 산 사람의 밥상처럼 밥, 국, 김치, 나물, 구이, 조림 등으로 한다.

11) 제례(祭禮)

죽은 조상을 추모하여 지내는 의식절차로 매년 조상이 돌아가신 날 기제(忌祭)를 지내고 정월 초하루와 추석에 차례를 지낸다. 제례음식, 즉 제수의 종류로는 메(밥), 갱(국), 면, 편(떡), 편청(조청), 탕(찌개로 육탕, 어탕, 소탕), 전(육전, 어전, 소전), 초장, 적(구이로 육적, 어적, 소적), 적염(적을 찍어먹는 소금), 포(어포, 육포), 해(젓갈), 혜(식혜), 숙채(익힌 삼색 나물), 침채(나박김치), 청장, 과실, 제주(약주), 숙수(찬물에 밥알을 조금 풀어 만든 일종의 숭늉) 등이 있다. 제수 진설법은 집집마다 조금씩 다르나 반서갱동, 면서병동, 어동육서, 두동미서, 좌포우혜, 홍동백서, 조율이시 등의 원칙을 지킨다.

5. 세시풍속에 따른 시절식

	명절 및 절후명	음식의 종류(節食)
1월	설 날	떡국, 조랭이떡국(개성), 만두국, 세주, 편육, 전유어, 육회, 누름적, 떡찜, 잡채, 배추김치, 장김치, 동치미, 약식, 정과, 강정, 식혜, 수정과, 약과, 숙실과, 생실과
	대보름	오곡밥, 김구이, 아홉 가지 나물, 약식, 유밀과, 원소병, 부럼, 나박김치, 이명주(귀밝이 술), 복쌈
2월	중화절(이월 초하루)	노비송편, 콩볶기, 약주, 생실과(밤·대추·건시), 포(육포·어포), 절편, 유밀과
3월	삼짓날(성묘일)	약주, 생실과(밤·대추·건시), 포(육포·어포), 절편, 화전(진달래), 조기면, 탕평채, 화면, 진달래화채
4월	초파일(석가탄신)	느티떡(유엽병), 볶은 콩, 쑥떡, 국화전, 양색주악, 생실과, 화채(가련수정과, 순채, 창면) 웅어회 또는 도미회, 미나리강회, 도미찜, 미나리나물
5월	단오(오월 오일)	증편, 수리취떡, 생실과, 앵도편, 앵도화채, 제호탕, 준치만두, 준칫국, 준치자반, 젓국찌개
6월	유두(유월 보름)	편수, 깻국, 준치만두, 어선, 어채, 구절판, 밀쌈, 생실과, 화전(봉선화, 감꽃잎, 맨드라미), 복분자화채, 보리수단, 떡수단, 유두면, 복숭아화채
7월	칠석(칠월 칠일)	밀전병, 밀국수, 깨찰편, 밀설기, 주악, 규아상, 흰떡국, 깻국탕, 영계찜, 어채, 잉어회, 잉어구이, 취나물, 생실과(참외), 열무김치, 복숭아화채
	삼 복	육개장, 잉어구이, 오이소박이, 증편, 복숭아화채, 구장, 복죽(팥죽), 삼계탕, 규아상, 깨찰떡, 주악, 냉면, 어채, 장김치, 열무김치, 민어탕, 임자수탕
8월	한가위(팔월 한가위)	토란탕, 가리찜(닭찜), 송이산적, 잡채, 햅쌀밥, 김구이, 나물, 생실과(사과, 배, 포도, 밤) 오려송편, 밤단자, 배화채, 배숙, 토란단자, 화양적, 지짐누름적
9월	중양절(중구)	감국전, 밤단자, 화채(유자,배), 생실과, 국화주, 신선로, 너비아니구이, 메밀만두, 밀만두, 호박고지시루떡, 밤고물단자
10월	무오일, 10월 상달	무시루떡, 감국전, 무오병, 유자화채, 생실과
11월	동 지	팥죽, 동치미, 생실과, 경단, 식혜, 수정과, 전약
12월	그믐(납일)	골무병, 주악, 정과, 잡과, 식혜, 수정과, 떡국, 만두, 골동반, 완자탕, 갖은 전골, 장김치, 보쌈김치

6. 궁중음식

1) 궁중음식의 일상식

궁중의 일상식은 이른 아침의 초조반과 조반, 석반, 두 번의 수라상 그리고 점심 때 차리는 낮것상과 밤중에 내는 야참으로 다섯 번의 식사를 올린다. 낮것은 점심과 저녁 사이의 간단한 입매상으로 장국상 또는 다과상이다. 야참으로는 면, 약식, 식혜 또는 우유죽 등을 올렸다.

① 수라상 : "수라를 젓수신다."하여 "진지를 잡수신다." 보다 더 높여 올려서 표현했다. 12첩 반상차림으로 수라(흰밥, 붉은 팥밥)와 탕(미역국, 곰탕)은 2가지씩으로 하였다. 조치는 토장조치와 젓국조치 2가지로 하고 찜, 전골, 침채 3가지가 기본음식이다. 청장, 초장, 윤집(초고추장), 겨자집 등을 종지에 담고 쟁첩에는 12가지 찬품을 다양한 식품재료로 조리법도 각기 달리하여 만든다.

② 낮것상 : 점심으로 응이, 미음, 죽 등의 유동식이나 다과상을 차린다.

③ 면상 : 탄일이나 명절에 면상인 장국상을 차려서 손님을 대접한다. 고임상을 차리고 입매상으로 국수와 찬품을 차린다.

④ 초조반 : 이른 아침에 드시는 조반으로 죽이나 응이, 미음 등을 올린다.

2) 궁중음식의 연회식

왕이나 왕비, 대비 등의 회갑, 탄신, 왕세자 책봉, 가례, 외국의 사신을 맞을 때 등의 특별한 날에는 연회를 베풀었다. 진찬은 나라에 행사가 있을 때, 진연은 왕족에 경사가 있을 때 베푸는 잔치로 진연이 진찬보다 규모가 작고 의식이 간단하나 연회음식의 내용은 크게 다르지 않다.

연회음식에 관해서는 연회일자별로 찬안의 규모, 종류, 차리는 음식의 이름을 적은 찬품단자를 만든다. 조리기구 등을 점검하고, 조리는 규모에 따라 적당한 인원의 숙수(熟手)를 동원하여 만든다.

3) 궁중의 주방과 조리인

왕과 왕비의 수라를 만드는 곳을 수라간 혹은 소주방이라 하며 배선실에 해당하는 퇴선간이 있어 상을 차리고 물린 상을 정리한다. 생과방에서 후식을 만들어 올린다.

수라상에 올리는 음식을 조리하는 일은 주로 나인인 주방상궁들이 맡았으며 궁중의 잔치인 진연이나 진찬 때는 대령숙수라고 하는 남자 조리사들이 만들었다.

7. 향토음식

향토음식은 자연환경과 역사적 환경 및 사회적 환경에 영향을 받으며, 정착된 그 지역의 고유한 토착음식을 말한다.

1) 경기도

음식의 간은 짜지도 맵지도 않으며 가짓수가 많다.

향토음식으로는 장국밥, 설렁탕, 비빔국수, 떡국, 메밀만두, 편수, 잣죽, 타락죽, 생치만두, 신선로, 육개장, 각색전골, 너비아니구이, 갑회, 어채, 구절판, 도미찜, 해삼쌈, 장김치, 나박김치, 보쌈김치, 오곡밥, 제물칼국수, 개성약과, 개성경단, 우매기, 다식, 유과, 각색단자, 약밥 등이 있다.

2) 강원도

극히 소박하고 먹음직스럽고, 육류보다는 조개류 멸치류 등을 넣어 맛을 내며, 감자, 옥수수, 메밀, 도토리 등으로 만든 음식이 많다.

향토음식으로는 감자밥, 강냉이밥, 메밀막국수, 강냉이죽, 감자수제비, 감자부침, 쇠미역쌈, 오징어순대, 북어식해, 오징어구이, 창란젓, 명란젓, 오징어회, 석이나물, 송이볶음, 취나물, 도토리묵, 올챙이묵, 감자송편, 메밀총떡, 감자경단, 방울중편, 구름떡, 약과, 송화다식, 옥수수엿 등이 있다.

3) 충청도

양념은 그리 많이 쓰지 않고, 간이 세지 않고 담백한 맛을 즐긴다. 굴이나 조갯살을 이용하여 국물을 내어 생떡국이나 칼국수를 즐긴다.

향토음식으로는 콩나물밥, 찰밥, 생떡국, 칼국수, 호박범벅, 굴냉국, 청포묵국, 시래기국, 호도장아찌, 늙은 호박찌개, 홍어어시육, 다슬기국, 빰장, 무릇곰, 새우젓, 어리굴젓, 공주깍두기 등이 있다.

4) 전라도

먹거리가 풍부하고 대대로 훌륭한 음식들이 전수되어 오고 있으며, 풍류가 있고 맛깔스럽다. 음식의 간은 센 편이며 매운 맛과 자극적인 맛이 두드러진다. 김치는 멸치생젓을 많이 쓰고 찹쌀 풀과 고춧가루를 많이 사용하여 국물 없는 김치를 담근다.

향토음식으로는 콩나물국밥, 전주비빔밥, 오누이죽, 합자죽, 대합죽, 피문어죽, 붕어조림, 꼬막무침, 추어탕, 용봉탕, 홍어어시육, 죽순채, 홍어회, 산낙지회, 감인절미, 감단자, 유과, 동아정과, 고구마엿, 유자동치미, 돌갓김치, 고들빼기김치, 토하젓, 멸치젓, 순창고추장 등이 있다.

5) 경상도

생선회를 즐겨 먹으며 음식의 간은 센 편이고, 맛은 대체로 매운 편이다. 음식의 맛과 모양은 별로 내지 않고 소박하다. 밀가루에 날콩가루를 넣어 만든 칼국수를 즐기며 장국의 국물은 멸치나 조개를 사용한다.

향토음식으로는 진주비빔밥, 대구따로국밥, 무밥, 갱식, 안동칼국수, 호박범벅, 추어탕, 재첩국, 아구찜, 미더덕찜, 미역홍합국, 콩잎김치, 파전, 유과, 모시송잎편, 쑥굴레, 칡떡, 곶감, 안동식혜 등이 있다.

6) 제주도

음식은 소박하고 꾸밈이 없으며 음식을 많이 차리지도 않는다. 간은 비교적 짠 편이고 회를 많이 먹는다.

향토음식으로는 전복죽, 조기죽, 옥돔죽, 닭죽, 돼지족탕, 옥돔미역국, 들깨죽, 닭엿, 고사리전, 조피된장, 자리회, 자리젓, 빙떡, 오메기떡, 차조쌀떡, 달떡, 상애떡, 꿩엿, 유자청, 귤 등이 있다.

7) 황해도

음식이 푸짐하고 큼직한 것이 특징이며, 맛은 구수하고 소박하며 음식에 기교를 부리지 않는다. 간은 짜지도 싱겁지도 않으며, 김치에는 고수와 분디라는 향신료를 쓰는 것이 특이하다. 김치는 맵지 않고 시원한 맛을 즐기고, 겨울에는 동치미국물에 메밀국수나 밥을 말아 먹기도 한다.

향토음식으로는 김치밥, 잡곡밥, 수수죽, 남매죽, 비지밥, 김치순두부, 고기전, 되비지탕, 잡곡전, 오쟁이떡, 꿀물경단, 된장떡, 연안식혜, 강엿, 돼지족 등이 있다.

8) 평안도

겨울에는 추운 지방이므로 육류음식을 즐겨먹고 콩과 녹두 등으로 만든 음식도 많다. 음식이 크고 먹음직스럽고 간은 짜거나 맵지 않고 모양을 중시하지는 않는다.

향토음식으로는 김치밥, 평양냉면, 굴린만두, 어복쟁반, 순대, 닭죽, 무곰, 내포중탕, 동치미, 닭도리탕, 노티, 송기절편, 빈대떡, 꼬장떡 등의 있다.

9) 함경도

음식의 솜씨가 풍성하며 모양이 크고 대담하며 사치스럽지 않다. 음식의 간은 비교적 심심하고 겨울에 먹는 음식이 잘 발달되어 있다. 김치는 국물이 넉넉한 것이 많으며 맵거나 짜게 하지 않는다. 잡곡밥을 잘 지어먹으며 메밀가루에 녹말을 넣어 뽑은 비빔냉면이 유명하다.

향토음식으로는 기장밥, 조밥, 감자밥, 닭비빔밥, 강냉이밥, 감자국수, 만두, 되비지찌개, 섭죽, 북어찜, 가자미식해, 순대, 콩부침, 청어구이, 도루묵식해, 원산해물잡채, 동치미, 인절미, 언감자떡, 오그랑떡, 산자, 약과, 엿강정 등이 있다.

8. 사찰음식

사찰음식이란 한 마디로 불교를 수행하는 스님들이 깨달음을 얻어 부처가 되기 위하여 모여 사는 곳인 절에서 만들어 먹는 음식이라고 할 수 있다. 사찰에서는 먹는 음식과 먹어서는 안되는 음식이 분명히 구별되어 있다. 우유를 제외한 일체의 동물성 식품과 술과 오신채(五辛菜)라고 하는 다섯 가지 매운 맛을 내는 채소인 파, 마늘, 부추, 달래, 무릇은 금하여 먹지 않는 식품이다.

사찰음식의 재료는 사찰의 주변에서 간단히 구할 수 있는 산나물이나 들풀, 제철의 채소이다. 일상식의 주식으로는 밥, 죽, 국수, 수제비, 떡국 등을 먹으며 부식으로는 국이나 찌개, 나물과 생채, 쌈, 전, 구이, 회(버섯회, 미역회, 두릅회), 조림, 찜, 장아찌, 튀김(부각, 자반), 김치 등을 먹는다. 이때 김치는 파, 마늘, 부추, 젓국, 생선류를 쓰지 않는다. 후식 및 간식으로는 차가 으뜸이다.

특별식은 큰 제가 있거나 추석, 설날 등의 특별한 날의 상차림을 위하여 과일, 떡, 과자, 사탕, 음청류 등을 만들어 높이 올려 쌓거나 그릇에 수북하게 담는다.

중국조리

1. 중국 요리의 역사

요리는 각 나라의 기후, 지리적 특성, 민족성에 따라 다양한 특징을 지니고 있는데 그 가운데 중국요리는 다채로운 형태와 독특한 맛에 있어서 세계 최고의 요리라고 할 수 있다. 곰, 자라, 고양이, 들쥐 등 살아있는 것은 무엇이든지 요리의 대상으로 삼았으며 불로장수의 사상과 밀접한 관계를 가지고 발전해 왔기 때문에 식의동원(食醫同源)이라고 한다.

중국에서 요리사의 지위는 사회적으로 상당히 높아 은나라의 탕왕(湯王) 때 이윤(伊尹)은 요리사로서 재상까지 되었다. 이윤은 『본미론(本味論)』이라는 요리책을 저술하였으며 오리통구이요리를 만들어 황제에게 바치고 궁중 요리사임을 계기로 국정에 대한 건의를 하였는데, 황제는 그의 생각이 출중하여 재상으로 등용하였다고 한다.

중국은 수많은 요리책으로 전해오는 것처럼 왕실이나 귀족요리와 함께 입에서 입으로 전해져 내려온 서민요리가 한데 어우러져 중국요리가 더욱 발전하게 되었다. 진시황제 때에 한방식(漢方食)이 시작되었고 가공식품도 먹기 시작했다고 전해진다.

한나라 시대로 접어들면서 떡, 만두 등 곡류를 가루로 내어 음식을 만들어 먹는 조리법이 생겼고 식기도 금, 은, 칠기그릇을 만들어 사용하기 시작했다. 수, 당나라 시대에는 대운하가 건설되어 남쪽의 질 좋은 쌀이 북경까지 전달되어 북경 일대의 식생활이 풍요롭게 되었으며 화북 지방에서도 식생활에 일대 변혁이 일어났다. 물레방아를 이용하여 제분을 시작하여 대량 생산의 길을 연 덕분에 서민들도 그 혜택을 받아 빵이나 전병 등을 만들어 먹기 시작했다. 페르시아 지방에서 설탕이 들어와 재배되기 시작한 것도 이 무렵부터였다. 식사는 1일 2식이었으며 조리는 원칙적으로 남자의 일이었다.

원나라 시대에 들어와서 중국요리가 서방세계로 전파되기 시작하였다. 몽고인은 유목민으로 육류와 유제품을 많이 먹었으며, 주로 구워서 먹었는데 이것은 기마 민족의 특징이다.

음식문화는 청나라 시대에 들면서 부흥기를 이루게 되었다. 중국요리의 진수라 불리는 '만한전석'은 청나라 시대의 화려함과 호사스러움의 극치를 이룬다. 상어지느러미, 곰발바닥, 낙타, 원숭이골 요리 등 중국각지에서 준비한 희귀한 재료 등을 이용하여 100여 종 이상의 요리를 준비해서 이틀에 걸쳐 먹는 것으로서 이 요리를 완벽하게 만들 수 있는 사람은 얼마 되지 않는다고 한다. 서태후가 나들이할 때는 요리사 100여 명을 거느리고 가서 수백 가지의 음식을 만들어 먹었다고 하니 그 화려함의 극치를 상상할 수 있다.

중국의 요리는 여러 왕조의 흥망에 따라서 새로운 풍습과 습관이 생겼다가 소멸되는 가운데 요리의 종류가 늘어나고 기술이 발달되었다. 중국 대륙에서 발달한 요리를 총칭하여 청요리라고 한다.

중국요리는 세계 각국에서 만들어지고 있는데, 그것은 넓은 영토와 영해에 다양한 생산물과 풍부한 해산물을 얻을 수 있기 때문이다. 이처럼 다양하고 좋은 재료를 이용한 요리로 불로장수를 목표로 하여 오랜 기간의 경험을 토대로 꾸준히 연구 개발되었기 때문이다. 그 결과, 독특한 맛, 풍부한 영양, 식사 매너의 간편함 등의 요소로 인하여 현재는 세계적인 요리로 발전되었다.

중국 식문화의 오랜 역사 속에 우리가 발견할 수 있는 것은 하나의 국가가 설립되고 왕조가 탄생하면 새로운 풍습과 식문화가 형성된다는 것이다. 사람들은 그때마다 다른 고장의 새로운 요리를 접하게 되고, 자기 식성에 맞게 조리법을 개발하면서 새로운 요리를 만들게 된다. 나라가 혼란스러울 때는 새로운 요리가 생겨날 여유가 없으나 태평성대가 되면 왕실과 권력자들의 미식욕구가 시작되어 맛있는 음식을 요구하는 과정에서 요리가 발달하게 되었다.

2. 중국 요리의 특징

1) 일반적인 특징

중국요리는 미각을 강조하여 오미(五味)의 배합이 매우 발달되었으나 색채의 조화나 조리법은 간단하다. 다른 지역의 요리와 비교하여 중국요리를 특징짓는 요소로는 재료, 썰기, 조미료, 불의 가감, 그 바탕이 되는 사상이다. 실제 조리할 때에는 재료의 선택을 엄격하게 하고 썰기는 정교하고 세밀하게 하며, 맛내기에 대한 연구와 불의 가감에 주의하여야 색, 양, 맛, 향, 기의 5가지를 고루 갖춘 요리가 만들어질 수 있다.

중국요리의 일반적인 특징을 살펴보면 다음과 같다.

(1) 재료의 선택을 엄격하게 한다.

중국요리는 일반적인 식재료뿐만 아니라 상어지느러미, 제비집, 곰발바닥, 낙타물주머니와 같은 특수재료도 일품요리에 이용되고 있을 정도로 재료의 종류가 다양하고 광범위하다. 그리고 국토가 넓기 때문에 보전성과 운송이 편리한 건조품도 발달되었다.

육류와 조류 등의 동물, 식물, 해산물을 비롯해 뱀이나 전갈까지 자주 이용되는 중국요리의 재료는 3,000가지 종류가 넘는다. 동물은 고기뿐만 아니라 내장, 아킬레스 건, 껍질(돼지), 피(돼지, 닭), 귀(돼지), 뿔(사슴) 등도 요리에 이용되고 있다.

중국요리에서는 이러한 다양한 재료로부터 요리에 적합한 재료를 선택하고 조합하는 것이 중요하다. 즉 재료의 성질, 본래 지닌 맛, 색, 형태 등을 고려한 배합으로 맛이 있고 아름다우며 풍성한 요리를 만들어 낸다. 몸을 차게 하는 게에는 따뜻한 성질의 생강을, 뱀에는 해독 작용이 있는 국화꽃을 사용하는 것과 같이 식의 동원에 기초를 두고 식재료를 이용하고 있다.

(2) 맛이 다양하고 풍부하다.

중국요리는 오미를 절묘하게 배합하여 창출해 내는 맛의 다양성이 세계 제일이다. 단맛, 짠맛, 신맛, 매운맛, 쓴맛, 감칠맛을 잘 배합하여 조화를 이루어 백미향(百味香)이라고 한다. 조미료의 종류가 다양하며, 발효시켜 만든 조미료도 많이 사용하여 밑간과 마지막 완성 시 조미료를 첨가하여 맛을 낸다. 한 가지 조미료만 단독으로 사용하지 않고 여러 가지 종류를 조합시켜 맛을 내며 조미료의 종류 및 사용 순서에 따라 다양한 맛과 색깔을 낼 수 있다.

(3)조리기구가 간단하고 사용이 용이하다.

중국요리는 다양한 종류가 있는 데 비하여 조리기구의 종류가 적으며 사용법도 간단하다. 즉 중국냄비, 튀김냄비, 그물조리, 찜통 외에 식칼, 뒤집개, 국자 등이 조리기구의 전부라고 할 정도로 기구는 간단하다. 그러나 이러한 조리 기구를 이용하여 어떠한 요리도 만들어 낼 수 있다.

(4)다양한 찜 요리가 발달되었다.

중국요리는 찜 요리가 다양하게 발달되었으며 이러한 찜 조리법을 이용하여 재료의 맛을 유지하고 영양 성분을 보호한다.

(5)조리 과정에서 기름을 합리적으로 많이 사용한다.

중국요리는 모든 요리에 기름을 사용한다고 해도 과언이 아닐 정도로 대부분의 요리를 기름에 튀기거나 볶거나 지진다. 기름은 소량을 사용해도 칼로리를 많이 낼 수 있으므로 열량을 얻는 데 합리적이라 할 수 있다. 또한 기름이 많이 사용되기 때문에 기름의 향기가 요리에 미치는 영향이 크므로 기름이 지니고 있는 특성을 잘 살려 여러 가지 기름을 혼합하여 사용할 수도 있다. 사용되는 기름의 종류로는 돼지기름, 닭고기기름, 파기름, 고추기름, 참기름, 새우기름, 콩기름 등이 있다.

(6) 외양이 풍요롭고 화려하다.

요리를 개별적으로 나누지 않고 큰 그릇에 수북이 담으므로 풍성한 여유를 느끼게 한다. 중국요리는 몇 인분이라는 말이 없다. 한 그릇에 요리를 전부 담아서 덜어 먹는다. 그러나 사람의 수에 의해 요리의 양과 수를 조절하며, 요리의 장식은 매우 훌륭하다.

(7) 녹말을 많이 사용한다.

중국요리에서 녹말을 많이 사용하는 이유는 수분과 기름이 서로 분리되므로 이 두 가지를 유화시키기 위해서이다. 이것은 맛과 영양의 손실을 방지하게 된다. 또한 중국 음식은 뜨거워야 제 맛이 나기 때문에 녹말을 사용하면 바깥에 옷을 입히는 보온효과를 가져온다.

(8) 맛에서 재료와 조미료의 적절한 조화가 이루어진다.

고온으로 가열함으로써 재료 자체의 맛 성분이 변화되고 여기에 조미료와 향신료를 적절히 사용하여 재료의 고유한 맛과 조미료의 새로운 맛을 조화시킨다.

(9) 썰기는 정교하고 세밀하다.

중식 칼은 무겁고 둔해 보이지만 써는 방법이 다양하며 장식 썰기도 많이 한다. 작게 써는 것은 조미료를 쉽게 묻혀서 잘 익도록 하기 위해서이다. 나비나 꽃 등의 모양으로 조각하거나 칼집을 넣은 것은 아름답게 보이기 위한 것만이 아니라 수프나 조미료가 접할 수 있는 면이 커지기 때문에 썰기의 효과를 더 한층 높여준다.

(10) 불의 세기로 요리의 완성도를 높인다.

중국요리는 한 번에 익히는 것은 적고 열탕 혹은 기름에 데치거나 미리 익히는 등 미리 밑간을 하여 조리하고 나서 마무리 조리를 하는 경우가 많다. 밑 손질을 하는 것은 좋지 않은 성분을 우려내고, 충분한 조미를 위해 수분을 제거하고 요리의 완성시간을 단축하며 재료의 익힘 정도를 균일하게 하기 위해서이다.

재로가 너무 익거나 덜 익힘 없이 식자재 고유의 맛을 살리고 딱딱하고 바삭한 감촉, 매끄러운 혀의 감촉, 부드럽고도 바삭한 감촉 등 기대되는 촉감을 만들어 내는 것이 중화 팬으로 모두 가능하다.

2) 조리적인 특징

(1) 튀김은 두 번 튀긴다.

첫 번째 튀길 때는 재료 표면의 수분을 제거하기 위해서 7할 정도 익히며 두 번째 튀길 때에는 표면이 바삭하고 뼈까지 연하게 된다. 부서지지 않는 재료라면 국자로 저어서 재료를 기름 밖으로 꺼내었다 넣으면 두 번 튀기는 효과를 얻을 수 있다.

(2) 볶음은 최단시간으로 한다.

기름은 반드시 가열하여 넣은 다음 연기가 날 정도(200℃)로 끓여서 재료를 넣어 센 불에서 짧은 시간에 볶아야 한다. 이를 위해서는 재료들을 같은 크기로 썰고 딱딱한 것이나 잘 익지 않는 것은 미리 익혀 두어서 동시에 볶아낼 수 있도록 한다. 특히 채소류는 살짝 익히는 정도가 되기 때문에 기름진 느낌이 적고 위생적이며 영양적으로도 우수하다고 볼 수 있다.

(3) 기름에 파, 마늘, 생강 등의 향신료를 사용한다.

볶음의 경우 끓는 기름에 먼저 소량의 파, 마늘, 생강을 넣어 강한 향미를 가진 기름으로 만든 후 여기에 재료를 넣어 볶는다. 만일 넣는 순서를 바꾸어 재료를 넣은 다음 생강, 파, 마늘을 넣으면 효과가 없다.

(4) 재료의 수분을 제거하기 위해 파오(泡)의 방법을 쓴다.

중식 조리에서는 파오라는 중국 요리 특유의 방법이 이용되고 있다. 파오는 가열한 기름 속에 재료를 순간적으로 넣었다가 꺼내는 것으로 재료가 가진 여분의 수분을 증발시켜 제거하는 것이다. 이렇게 하면 재료 본래의 맛을 살릴 수 있고 표면이 기름으로 처리되므로 다음 조리 과정에서 볶거나 삶아도 재료 속에서 수분이 유출되지 않기 때문에 전분으로 농도를 조절하는 데도 좋다.

(5) 재료를 변질시키기 위해 기름을 쓴다.

조리의 준비 과정에서 사용하기 어려운 재료의 질이나 형태를 변화시키기 위한 방법으로 빠오(爆)가 있다. 예를 들면 건조하여 딱딱해진 돼지 껍질을 끓는 기름 속에 넣어 조금 지난 후 물을 붓고 바로 뚜껑을 닫으면 물과 기름이 섞이면서 냄비 속에서 일종의 폭발상태가 일어난다. 이 힘을 이용하면 딱딱한 것도 연한 해면상태(海綿狀態)가 된다. 이것을 끓는 물에 넣어 기름을 빼고 찌거나 끓인다. 또한 이후미엔(伊府麵)이나 동포로우(東波肉)처럼 재료의 성질을 일단 변화시킴과 동시에 특수한 맛을 내고는 기름을 뺀 다음 조리를 하는 방법도 있다.

(6) 조미료로써 기름이 사용된다.

참기름, 닭기름, 라드 등을 하나의 조미료로 사용하여 조리의 준비 과정이나 완성된 요리에 넣어서 중국요리 특유의 맛을 낸다. 예를 들면 량빤하이(해파리냉채)나 량빤미엔(비빔국수)은 음식을 완성한 뒤에 기름을 조금 넣음으로써 맛이나 풍미를 돋우게 된다.

참기름은 특유의 강한 향기가 있고 닭기름은 품위 있는 풍미를 가지고 있으므로 재료를 라드로 볶아서 참기름이나 닭기름을 넣으면 특별한 향미가 생긴다. 이렇게 기름은 재료를 익히는 수단으로 사용될 뿐만 아니라 조미료로도 사용되고 있다.

3) 지역적인 특징

중국의 4대 요리를 나누는 방식은 한국, 중국, 일본, 대만이 모두 다르다. 중국의 방식에 의하면 역사와 지역적 특성에 따라 크게 산동요리, 사천요리, 강소요리, 광동요리로 나눈다. 좀더 세분해 8대 요리로 나누면 절강요리, 복건요리, 호남요리, 안휘요리가 더해지고 10대 요리로 나누었을 때 북경요리와 상해요리가 추가된다. 우리나라는 지역적으로 크게 북경요리, 남경(상해)요리, 광동요리, 사천요리로 구분한다.

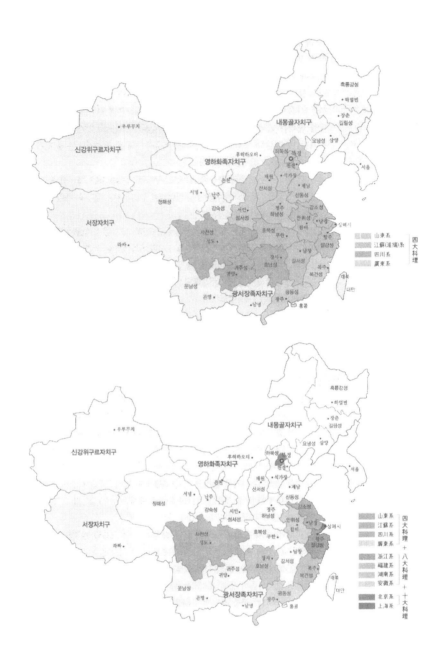

(1) 북경요리(北京料理)

북경요리는 징차이요리라고 하며 베이징 서쪽에서 타이완까지의 요리가 포함된다. 북경은 오랫동안 중국의 수도로서 정치, 경제, 문화의 중심지로 화북 평야의 광대한 농경지에서 생산되는 농산물을 이용하는데 소맥이나 과일 등의 풍부한 농산물을 재료로 하여 소금으로 간을 하므로 색이 옅고 기름기가 많으며 매운 편이다. 매이루라는 화력이 강한 석탄을 연료로 사용하여 짧고 빠르게 요리하는 튀김요리, 볶음 요리 및 농후한 요리가 발달하였다. 대표적인 요리로는 오리 통구이(베이징야즈), 떡, 양 통구이 등이 있다.

북경에서는 만두, 국수, 빵, 파이, 중국 피자 등을 많이 만들어 먹는데 면류는 북방 사람들의 주식이다.

(2) 상하이요리(上海料理)

상하이요리는 난징, 상하이, 쑤소우, 양조우 등의 중국 중부지역의 대표적인 요리로 화양 요리라고도 한다. 상하이는 19세기부터 서구문화의 유입으로 요리가 구미풍으로 발전되었으며 동양과 서양인의 입맛에 맞도록 변화되고 발전되었다. 또한 기후가 따뜻하고 농토가 비옥하여 농작물이 풍부하며 바다가 가까워서 갖가지 해산물의 집산지이므로 다양한 요리가 발달되었다. 이 지방의 특산물인 장유를 사용하여 만드는 요리는 독특하다.

상하이 요리는 간장이나 설탕으로 달콤하게 맛을 내며 기름기가 많고 진한 것이 특징이다. 돼지고기에 진간장을 써서 만드는 홍소고기(紅燒牛肉)가 유명하고 한 마리의 생선을 가지고 머리에서 꼬리까지 조리하는 조리법과 양념을 달리해서 맛을 내는 생선 요리도 일품이다. 바다가 가깝기 때문에 해산물을 많이 쓰고 간장과 설탕을 많이 사용하여 맛을 내며 선명한 색채를 낸 화려한 음식이 많다.

(3) 광동요리(廣東料理)

광동요리는 광주를 중심으로 하는 중국 남부의 요리로 복건요리, 조주요리, 동강요리 등 지방요리 전체를 말하며 월채라고도 한다. 광동요리는 흔히 나챠이라고 하는데, 광조우는 외국과의 교류가 빈번하여 16세기부터 스페인과 포르투갈의 선교사와 상인들이 많이 왕래하여 독특하고 국제적인 요리로 정착되었다. 따라서 사람들은 일찍부터 이곳을 매력 있는 식생활의 고장으로써 식재광주라고 칭찬을 하였다.

광동요리는 기름을 적게 사용하며 재료가 가지고 있는 자연의 멋을 잘 살려 싱겁고 담백한 것이 특징이다. 구미의 영향을 받아 쇠고기, 서양 채소, 토마토케첩, 소스 등과 같은 서양요리에서 사용되는 재료와 조미료를 많이 사용한다. 이것은 전통 요리의 맛에도 변화를 가져왔으며 특히 서유럽 풍이 혼합되어 다양한 맛을 내는 연회요리로도 발전되었다. 대표적인 광동요리로는 구운 돼지고기 요리인 탕수육(咕噜肉, 크르로우), 굴소스소고기(蠔油牛肉, 하우요우뉴노우) 등이 있고 개요리와 뱀요리도 개발되었다.

대표적인 요리로는 철판전우류(鐵板前牛柳), 문창계(文昌鷄), 동강염국계(東江鹽焗鷄), 호유배생채(蠔油扒生菜), 백작기위하(白灼基圍蝦), 오사갱(五蛇羹), 삼사용호봉대회(三蛇龍虎鳳大會), 초전라(炒田螺), 금화옥수계(金華玉樹鷄), 매채구육(梅菜扣肉) 등이 있다.

(4) 사천요리(四川料理)

사천요리는 중국의 서쪽 지역인 양쯔강 상류의 산악지방과 사천을 중심으로 한 운남과 귀주에서 발달된 요리이다. 사천요리의 기원은 고대 이 지역에 있었던 파국과 촉국의 요리로부터 시작되었으며 진시황이 중국을 통일한 이후 산동지역의 제나라, 노나라와 남방에 있었던 초나라의 요리기술이 유입되었고 삼국시대 이후에는 중원지역의 요리기술이 도입되었다.

사천은 여름에 덥고 겨울에는 추위가 심한 지방이므로 옛날부터 악천후를 이겨 내기 위해 마늘, 파 및 고추와 같은 자극적인 향신료를 많이 사용한 요리가 발달되었다. 또한 바다가 멀고 오지였기 때문에 소금 절임, 건물과 같은 보존 식품이 잘 발달되었으며 채소를 이용한 짜사이와 같은 특산물을 낳기도 하였다. 산악지대에 있는 암염으로 소금 절임을 할 수 있었고 신맛, 매운맛, 톡 쏘는 맛과 강한 향이 사천요리의 기본이 된다. 다진 고기를 이용한 마파두부, 회교도들의 양고기 요리인 양로우 퀴즈, 새우고추볶음 등이 유명하다.

대표적인 요리는 간편우육사(干煸牛肉絲), 수자우육(水煮牛肉), 궁보계정(宮保鷄丁), 마파두부(麻婆豆腐), 산채어(酸菜魚), 가상해삼(家常海參), 어향육사(魚香肉絲) 등이 있다.

3. 식단구성

중국 음식에서 메뉴는 채단(菜單 cai dan)이라고 하며, 보통 짝수로 가지 수를 맞춘다. 메뉴는 크게 전채(前菜), 두채(頭菜), 주채(主菜), 탕채(湯菜), 면점(面点), 첨채(甛菜), 과일로 나눌 수 있다. 음식을 하나 하나 내오는 중국정찬의 순서는 입맛과 소화 기능을 치밀하게 계산해 순서를 짠 것이다.

1) 냉채(렁차이)

냉채는 차게 먹는 음식으로, 뜨겁게 만들어 차게 내거나 차게 만들어 차게 내는 요리이다. 전채 요리에 속하므로 색, 맛, 향이 어울려 보는 이들의 입맛을 돋워야 한다. 냉채는 요리의 시작이며, 냉채 뒤에는 주 요리가 이어지므로 배부르지 않게 조금만 먹는다.

보통 한 가지 냉채만 담아내는 것을 냉훈(冷葷) 또는 냉소(冷素)라 하고, 냉채를 한 접시에 두 가지 이상 담아내는 것을 냉반(冷盤) 또는 병반(拼盤)이라고 한다.

2) 두 채

연회에서 탕채(湯菜)는 열채(熱菜)를 다 낸 뒤에, 즉 연회가 후반부로 접어들 때 식사류 앞에 내는 것이 일반적이지만, 샥스핀이나 제비집 등 고급 재료로 만든 탕채는 연회의 중심 요리로서 두채(頭菜)라 하여 냉채 바로 다음에 낸다. 연회의 명칭은 두채에 따라 결정되며, 제비집이 두채이면 제비집 연회(燕窩席), 샥스핀이 두채이면 샥스핀연회(魚翅席), 전복이 두채이면 전복연회(鮑魚蓆)라고 한다.

3) 주 채

(1) 해물요리

새우, 해삼, 게, 패주, 장어, 오징어, 산천어, 도미, 갈치, 조기, 잉어, 붕어, 우럭 등을 많이 사용하며, 특히 새우는 보통 탕이나 튀김, 우럭은 찜, 해삼은

볶음이 많다.

생선요리는 재료 자체의 맛을 그대로 살려서 찌는 요리와 생선을 튀겨 소스를 끼얹는 요리가 있는데, 해물요리의 핵심은 재료 본래의 맛을 살리는 것이다.

(2) 고기요리

고기요리는 돼지고기, 쇠고기, 닭고기, 오리고기를 많이 쓴다. 중국요리 이름의 肉은 거의 돼지고기를 말할 만큼 돼지고기를 주재료로 한 요리가 많고, 유명한 중국 요리도 돼지고기 요리가 대부분이다. 중국 요리에서 쇠고기를 주재료로 한 음식은 많지 않으나 소는 살코기 외의 나머지 부분도 요리에 사용한다. 닭은 통째로 쓰거나 가슴살, 다리, 날개 등 부위별로 세분하여 쓰며, 요리 가짓수가 1,000가지가 넘을 만큼 다양하다.

중국 요리는 우리와는 달리 오리를 주재료로 한 요리가 발달해 털과 주둥이를 빼면 모두 음식 재료로 쓴다. 오리고기는 살이 많고 연하며 껍질이 얇으며, 기름기가 많은데도 느끼하지 않다는 특징이 있다. 닭고기와 조리법이 비슷하나 오리는 주로 통째로 사용한다. 북경 오리구이(北京烤鴨), 강소의 삼투압(三套鴨), 염수압(鹽水鴨), 사천의 충초압자(虫草鴨子), 장차압(樟茶鴨)등이 유명하다.

(3) 두부요리

두부는 고기요리나 채소요리를 막론하고 두루 사용되므로 그 응용 범위가 매우 넓다. 사천의 마파두부(麻婆豆腐), 산동의 삼미두부(三味豆腐), 광동의 호유두부(蠔油豆腐), 공부(孔府)요리의 일품두부 등이 대표적인 요리들이다.

(4) 채소요리

연회에서는 훈주소보(葷主素補) 즉, '고기를 위주로 하고 채소를 더한다'는 원칙에 따라 먼저 고기를 낸 다음 채소요리를 낸다. 채소요리는 신선한 제철 채소를 위주로 깔끔하고 담박한 맛을 낸다. 채소요리의 특징은 신선할 뿐 아니라 깨끗하고 향긋하며 아삭거리면서도 부드러운 맛에 있다.

4) 탕 채

연회에서 탕채(湯菜)는 열채(熱菜)를 다 낸 뒤에, 즉 연회가 후반부로 접어들 때 식사류 앞에 내는 것이 일반적이다. 우리나라에서는 냉채 다음에 나오는 경우가 많은데 맑은 탕(湯)을 주재료로 한 요리는 맛있고 부드러우며 담백하다.

중국 요리에서 탕은 육수를 말하며, 탕채뿐 아니라 모든 중국 요리의 토대가 되는 일종의 특수 조미료이다.

5) 국수와 밥, 점심

정찬(正餐)이나 정찬 외에 먹는 밀가루, 쌀가루, 쌀을 주재료로 만든 식품을 통칭하여 면점(面点)이라고 한다. 면점은 원래 면식(面食)과 점심(點心)의 합성이다. 면식(面食)은 밀가루를 사용해 만든 식품으로, 만두, 포자, 교자, 면, 혼돈 등을 말한다.

점심(點心)은 당(唐)대에 나타난 말인데, 식사하기 전에 약간 먹어 허기를 달래는 음식이라는 뜻이 점차 변하여 정찬 외에 가볍게 먹는 밀가루나 쌀가루, 쌀 등으로 만든 간식 또는 식사를 말하게 되었다. 주로 고병(糕餠), 포자(包子), 교자(餃子), 만두(饅頭), 종자(粽子) 등을 찌거나 튀기거나 또는 구워서 만든 음식으로, 보통 국물이 없다.

6) 첨 채

첨채(甛菜)는 열채의 마지막 요리로 맛이 단 요리인데, 중국 상차림에서는 탕채 전에 나오지만, 한국에서는 보통 식사가 끝나면 낸다. 증(蒸), 밀즙(蜜汁), 발사(拔絲) 등의 방법으로 만들며 일반적으로 뜨거운 요리지만 여름에는 차게 내도 된다. 또 한 접시에 담아내도 되고 여러 접시에 나누어 내도 된다. 연회석의 단 요리는 색과 모양이 아름답고 단맛이 적당하며 탕과 맞아야 한다. 마지막에는 과일이 나오며, 신선한 계절 과일이나 푸딩, 행인두부(香仁豆腐), 시미로(西米露) 등을 보기 좋게 담아낸다.

4. 조리 기구 및 썰기 용어

1) 조리기구

중국요리는 조리법이 다양하고 복잡한 데 비해 조리기구는 종류가 많지 않고 사용법도 단순하다. 중화 팬 하나로 볶음·튀김·조림 등을 할 수 있고, 그 위에 찜통을 얹어 찜 요리를 하기도 한다. 또 폭이 넓은 칼 하나로 요리 재료의 껍질을 벗기고, 다지고, 썬다.

(1) 팬(솥 : 꾸오, 냄비 : 샤오) : 중화 팬은 바닥이 둥근 금속냄비로 불에 닿는 면이 넓고 열이 균등하게 고루 미치도록 되어 있다. 양수 중화팬 이 일반적이며, 편수 중화팬은 북방팬이라고한다.

(2) 칼(떠우) : 중화칼은 넓고 두꺼우며 쇠로 되어 있어 무겁다. 칼끝이 네모로 된 네모칼(方頭刀)을 주로 쓴다.

(3) 도마(젠-빤) : 노송, 은행나무, 버드나무, 후박나무, 벚나무 등의 통나 무를 자른 것으로 특히 노송이 잘 마르고 냄새가 나지 않는다.

(4) 찜통(경롱) : 대나무찜통

(5) 국자(쇼우샤오) : 반구형이며 센 불에서 조리하기 편하도록 긴 나무 자루가 달려 있다.

(6) 구멍국자(로우샤오) : 튀김국자

(7) 여과망(왕샤이) : 튀김국자보다 철망의 눈이 더 가늘고 촘촘하다.

(8) 철 젓가락(티에콰이즈) : 길이가 긴 튀김용 젓가락

(9) 뒤집개(쇼우찬), 집게(티에챠)

(10) 기름통(요우뽀토우), 조미료통(티아오리아오꽌)

(11) 대나무솔 : 잘게 쪼갠 대나무 묶음으로 뜨거운 중화팬을 닦을 때 사 용한다.

2) 썰 기

(1) 편(片 piàn 피엔)　　　　　 얇고 납작하게 썬 것

(2) 정(丁 dīng 띵)　　　　　 고기나 채소를 정육면체로 썬 것

(3) 말(末 mò 모)　　　　　 잘게 썬 것

(4) 사(絲 sī 씨)　　　　　 가늘게 채 썰거나 결을 따라 가늘게 찢은 것

(5) 괴(塊 kuài 콰이)　　　　　 큼직한 덩어리로 썬 것

(6) 단(段 duàn 듀안)　　　　　 깍둑썰기 한 것

(7) 환(丸 wán 완)　　　　　 작고 둥글게 빚은 것

(8) 권(卷 juǎn 쥐안)　　　　　 원통형으로 만 것

(9) 포(包 bāo 빠오)　　　　　 고기나 채소로 만든 소를 얇은 껍질로 싼 것

(10) 니(泥 nī 니)　　　　　 으깬 것

(11) 양(瓤 ráng 량)　　　　　 재료 속을 파내고 다른 것으로 채워 넣은 것

(12) 조(條 tiao 티아오)　　　　　 막대모양썰기(3~4cm 길이로 0.6~1cm 두께)

(13) 마이(馬耳 마알)　　　　　 긴삼각형

5. 재료에 따른 용어

1) 요리의 일반재료

(1) 가금류(家禽類)·난류(卵類)

・猪肉(쮸-로) : 돼지고기, 보통 로(肉)라 함

・排骨(파이구) : 돼지갈비

・裡裏(리이-지) : 로스고기(안심)

・牛肉(뉴-로) : 쇠고기

・羊肉(양로) : 양고기

- 鷄肉(찌-로), 鳳肉(펑로) : 닭고기
- 鴨肉(야-로) : 오리고기
- 麻雀(미쵀에) : 참새
- 鷄蛋(찌이단) : 달걀
- 鶉蛋(츈단) : 메추리알
- 火腿(훼어퇴이) : 중국햄

(2) 어패류(魚貝類)
- 海蔘(하이쏜) : 해삼
- 鮑魚(뼈우위이) : 전복
- 龍(롱) : 요리를 용의 형태로 표현한 것으로, 용하(龍蝦)는 대하, 바다
  가재 등 큰 갑각류
- 明蝦(밍-샤) : 왕새우
- 海蜇皮(하이져피) : 해파리
- 蝦仁(샤-인) : 새우
- 海粉(쌔-훈) : 게살
- 鮃魚(핑-위) : 가자미
- 鯛魚(떼어-위) : 도미
- 鯉魚(리-위) : 잉어
- 帶魚(따이-위) : 갈치
- 蠣黃(리-황) : 생굴
- 帶子(따이-즈) : 가리비
- 蛤蜊(허-리) : 대합
- 墨魚(머-위), 魷魚(유위) : 오징어
- 海螺(하이로어) : 소라
- 黃魚(황-위) : 조기

(3) 채소류(野菜類) · 과실류(果實類)

· 白菜(빠이차이) : 배추

· 豆芽菜(또야차이) : 콩나물

· 靑椒(칭쩌-) : 피망(청고추)

· 紅椒(홍쩌-) : 홍고추

· 洋蔥(양-총) : 양파

· 蘭花(한-화) : 보란채

· 松茸(쏭-용) : 송이버섯

· 地豆(띠또우), 土豆(투토우) : 감자

· 南瓜(난-꽈) : 호박

· 地瓜(띠-꽈) : 고구마

· 洋松茸(양쏭-용) : 양송이

· 荵菇(동-구) : 표고버섯

· 韭菜(규-차이) : 부추

· 竹筍(쭈-쑨) : 죽순

· 豆沙(또우-싸) : 팥

· 芽豆(위토우) : 토란

· 黃瓜(황-꾸아) : 오이

· 山葯(산-위에) : 마

· 包米(뻐우-미) : 옥수수

· 芝麻(쯔-마) : 참깨

· 銀杏(인-싱) : 은행

· 蒜(쏸) : 마늘

· 薑(걍-) : 생강

· 大蔥(따-총) : 대파

· 靑菜(칭차이) : 청경채

· 油菜(유차이) : 유채

· 西蘭花(시한화) : 브로콜리

· 生菜(생차이) : 양상추
· 香菜(쟝차이) : 고수
· 胡蘿貝(후로베) : 당근
· 蘿貝(로-베) : 무
· 木耳(무-알) : 목이버섯
· 茘枝(리-쯔) : 리치열매
· 龍眼(롱-앤) : 용안열매
· 合桃(허-터우) : 호도
· 杏仁(성인) : 살구
· 栗子(리-즈) : 밤
· 西瓜(시-꽈) : 수박
· 蜜果(미꽈) : 멜론
· 恬果(탠-꽈) : 참외
· 蘋果(핑-궈어) : 사과
· 梨(리-) : 배
· 葡萄(푸-터우) : 포도
· 桃子(터어즈) : 복숭아

(4) 건어물(乾魚物) · 가공품(加工品)
· 燕窩(앤-워) : 제비집
· 魚翅(위-츠) : 상어지느러미
· 鹿尾(루-외이) : 사슴꼬리
· 乾貝(깐-빼이) : 건패주
· 蟹米(하이미) : 건새우살
· 魚肚(위-두) : 생선부레
· 鹿筋(루-찐) : 사슴힘줄
· 紙菜(쯔-차이) : 김
· 粉條(훈-텔) : 당면

· 粉絲(훈-쓰) : 녹두당면
· 銀耳(인-알) : 은이버섯

2) 조미료와 향신료

(1) 조미료(調味料)

중국 요리의 맛은 재료의 본래의 맛과 조미료의 교묘한 배합에 의해 얻어지는 맛이라 할 수 있다. 조미료의 종류는 다음과 같다.

탕(糖 : 설탕), 빠이탕(白糖 : 흰설탕), 홍탕(紅糖 : 붉은 설탕), 삥탕(冰糖 : 음설탕), 펑미(蜂蜜 : 꿀), 옌(鹽 : 소금), 셴옌(咸鹽 : 소금), 추(醋 : 식초), 장유(醬油 : 간장), 빠이장유(白醬油 : 연한간장), 또우장(豆醬 : 된장), 지우(酎 : 술), 라자오(辣椒 : 고추), 홍라자오(紅辣椒 : 붉은고추), 칭라자오(靑辣椒 : 풋고추), 라자오유(辣油 : 고추기름), 지마유(芝麻油 : 참기름), 뉴유(牛油 : 쇠기름), 주유(猪油 : 돼지기름), 차이유(茶油 : 채종유), 황유(黃油 : 버터), 샤유(蝦油 : 새우기름), 샤루(蝦滷 : 새우젓), 춘장(황장, 면장), 또우판장(豆瓣醬 : 두반장), 라자오장(辣椒醬 : 고추장), 또우츠(豆豉 : 청국장), 푸루(腐乳 : 순두부), 장또우푸(醬豆腐 : 두부장), 하오유(蠔油 : 굴소스) 하이시엔장(海鮮醬 : 해선장), 총유(蔥油 : 파기름)

가) 짠맛 조미료

① 소금(鹽, 옌) : 해염(海鹽, 하이엔), 정염(井鹽, 징엔), 지염(池鹽, 츠엔), 광염(廣鹽, 꾸앙엔 : 암염) 등이 있다.

② 간장(醬油, 지앙요우) : 보통간장, 매운간장, 특색간장, 자연간장, 화학간장, 고체간장, 무염간장, 표고간장, 새우간장 등이 있다

③ 장(醬, 지앙) : 대두장, 잠두장, 면장, 두반라장, 화색라장 등이 있다.

④ 두부유(豆腐乳)

⑤ 두시(豆豉 , 또우츠)

나) 단맛 조미료

① 설탕(糖, 탕) : 백설탕, 면백당, 홍설탕, 홍당분, 각설탕, 빙설탕, 토홍탕

② 당정(糖精, 탕징) : 사카린

③ 꿀(蜂蜜, 펑미)

④ 이당(飴糖, 이탕) : 물엿으로 맥아당이라고 한다.

다) 신맛 조미료

식초(食醋), 영몽즙, 번가장(토마토퓌레), 초매장, 산사장, 모과장, 산채즙 등이 있다.

라) 매운맛 조미료

① 고추(辣椒, 라쟈오) : 고춧가루(라쟈오펀) 고추기름(라쟈오요우) 마른 고추(간라쟈오)

② 후추(胡椒, 후쟈오) : 후춧가루(후쟈오펀)

③ 겨자가루(芥末, 지에모펀)

④ 카레가루(까리펀)

⑤ 고추장(辣椒醬, 라쟈오지앙)

마) 쓴맛 조미료

천피(진피), 고과, 고행인, 차엽, 국화, 박하 등이 있다.

바) 가공 조미료

화학조미료(웨이징), 하유(蝦油), 어로, 정유, 게유, 호유(蠔油 하오요우, 굴소스)

그 외 해선장, XO장, 두반장 등이 있다.

사) 주류조미료

황주(고량주), 소흥주

(2) 향신료(香辛料)

① 중국요리에는 여러 가지 향신료가 사용되는데 그 목적은

첫째, 요리의 풍미를 살리기 위해서

둘째, 수조 육류 및 어패류의 군내를 없애기 위해서

셋째, 향미를 즐김과 동시에 나쁜 냄새를 없애기 위해서이다.

② 향신료의 종류는 다음과 같다.

쏸(蒜：마늘), 충(蔥：파), 쟝(姜：생강), 화쟈오(花椒：산초), 띵샹(丁
香：정향), 꾸이피(桂皮：계피), 따후이(大茴：대회향, 팔각), 샤오후이(小
香：회향), 천피(陳皮：귤껍질) 우샹펀(五香粉：오향가루), 싱런솽(杏仁
霜：살구씨), 후쟈오펀(胡椒粉：후춧가루), 쟝차이(香菜：고수) 바쟈오
(八角：팔각) 간라쟈오(乾辣椒：건고추) 지엔모펀(价末粉：겨자가루) 라
쟈오펀(辣椒粉：고춧가루)

3) 특수재료

중국은 광대한 국토의 자연적 조건에 따라 여러 가지 특산물이 많이 생산
되고 있는데 이 다양한 재료는 훌륭한 조리의 밑받침이 되었다. 특히 소금절
이나 건물(乾物) 같은 저장식품의 발달은 계절에 구애되지 않고 편리하게 요
리할 수 있게 하였는데 대표적인 특수 재료를 들면 다음과 같다.

(1) 추순(竹筍 죽순)：말린 죽순은 간순(干筍)이라고 하는데, 중국에서
쓰이는 죽순은 대부분이 간순이며, 사용할 때는 뜨물이나 쌀겨물에 불려서
쓴다.

(2) 옌촤(燕巢 제비집)：보르네오 북해안이나 수마트라 남해안 및 자바에
서식하는 바다제비의 둥지를 따서 말린 것을 말한다. 이 둥지는 바다제비들
이 해조물(海藻物)을 물어다가 타액을 발라가며 만든 것으로 절벽에다 만들
기 때문에 채집하는 데 어려움이 매우 많다. 중국요리의 최고급 재료로 손꼽
히는 옌워는 비싸기로도 유명한데 이 옌워를 곁들인 식탁을 옌차오시(燕巢
席)라고 해서 최고의 연회석으로 친다.

옌워도 품질에 따라 다음과 같은 세 가지 등급으로 나뉜다.

· 꽌 옌(官燕)：최고급품으로 색이 희고 잡물이 전혀 섞이지 않은 백연
  (빠이옌).
· 마오옌(毛燕)：일명 후이옌이라고도 하는데, 회색빛을 띠며 띤제비털
  과 잡물이 섞인 중급품.
· 옌 쓰(燕絲)：형태가 흐트러지고 이물질이 섞인 혈연으로 하급품.

(3) 하이센(海參 해삼)：해삼은 일명 친하이수(金海鼠)라고도 불리는데
영양가가 높아 바다의 인삼이라고 평가된다. 빛깔이 검고 흠이 없어 가시가

고루 퍼진 것을 상품으로 치며 마른 해삼은 요리하기 전에 물에 알맞게 불려 부드럽게 만들어 쓴다.

(4) 위치(魚翅 샥스핀) : 상어의 지느러미를 말린 것으로 상어의 종류에 따라 맛의 차이가 있고, 부위와 취급법에 따라서도 맛의 차이가 난다. 상어 가운데서도 청상어를 제일로 친다. 지느러미를 말린 것을 빠오치(飽翅), 또는 취안치(全翅)라 부르고, 껍질을 벗기고 지느러미의 섬유질을 찢어 말린 것을 친치(金翅)라고 한다. 물을 붓고 6~7시간 삶아서 냉수에 씻어 사용한다.

(5) 깐빠오(乾飽 건전복) : 전복 말린 것을 말하는데 표면에 흰가루가 솟아난 것을 상품으로 친다. 물에 충분히 담갔다가 뭉근한 불에 삶아 연하게 불린 다음에 조리한다. 삶은 국물도 버리지 않고 쓴다.

(6) 깐뻬이(乾貝 건패주) : 패주를 말린 것으로 물에 깨끗이 씻어 그릇에 담고 뜨거운 물을 부은 다음 물이 식도록 놔두었다가 부드럽게 불으면 조리한다.

(7) 하이저피(海蜇皮 해파리) : 해파리를 소금과 백반에 절인 식품으로 연한 소금물에 담가 염분을 뺀 다음에 끓는 물에 데쳐서 쓴다. 끓는 물에 너무 오래 두면 오그라들고 빛도 바래기 때문에 주의해야 한다.

(8) 따하이미(大海米) : 껍질을 벗겨서 말린 새우를 말하는데 샤깐(蝦乾), 또는 하이미(海光)라고도 부른다. 냉수에 불려서 생새우 대신으로도 쓰는데 산뜻하고 고소한 맛을 내는 데 적합하다.

(9) 샤쯔(蝦子) : 새우알을 말린 식품을 말한다.

(10) 샤삥(蝦餅) : 새우살을 으깨어 쌀가루를 섞고 막대기 모양으로 만들어 찐 다음 얄팍얄팍하게 썰어 말린 것으로, 기름에 튀겨 먹는다.

(11) 또우푸깐(豆腐干) : 두부를 눌러 단단하게 만든 것인데 두부 속에 우샹펀(五香 粉)이나 홍차 같은 것을 넣어 향미를 곁들인 것을 특히 샤또우푸깐(香豆腐干)이라고 한다.

(12) 피딴(皮蛋 송화단) : 오리알을 진흙과 왕겨를 섞어 두텁게 발라 저장한 것으로, 껍질을 벗기면 흰자는 청회색(靑灰色), 노른자는 젤리같이 응고되어있다. 발효에서 오는 독특한 향기와 맛 때문에 그냥 썰어 전채로 내기도 한다. 일명 쑹화딴(松花蛋)이라고 부른다.

(13) 왕유(網油) : 돼지의 내장을 둘러싸고 있는 레이스와 같은 모양의 그물기름을 말한다. 주성분은 단백질이며 뜨거운 온도에서 조리를 해도 용해되지 않는 특성을 갖고 있다. 여러 가지 재료를 싸서 쪄내거나 기름에 튀기는 요리에 많이 쓰인다.

(14) 버섯 : 버섯은 중국요리에 광범위하게 쓰이며 그 종류도 매우 다양하다. 흔히 사용되는 버섯을 살펴보면 다음과 같다.

· 퉁꾸(冬茹) : 말린 표고버섯을 말한다. 살이 두텁고 가장자리에 튼 것 같은 줄이 있는데 좋은 향기를 지니고 있다. 이 가운데서도 표고 가장자리의 꽃같이 돋아난 것을 화꾸(花茹)라고 부르고 향기가 진한 것을 샹꾸(香茹)라고 한다. 물에 불려 볶음요리나 방향요리(芳香料理)에 쓰인다.

· 쑹쿤(松菌) : 송이버섯을 말하는데 탕, 볶음, 찜 같은 요리에 쓰이며 독특한 향미가 특색이다.

· 무얼(木耳) : 목이버섯을 말하고 흰 것과 검은 것 두 종류가 있다. 흰 것은 인얼(銀耳)이라고 부르는데 이것은 중국 사천성 일대에서만 생산되는 것으로 대단히 진귀한 것이다.

· 차오꾸(草菰) : 찰벼 지푸라기에서 자라는 버섯으로 검은 빛을 띠고 있으며 물에 불려 볶음과 탕요리에 쓰인다.

4) 재료 배합에 따른 용어

(1) 삼선(三鮮 sān xiǎn) : 우리나라에서는 해삼, 전복, 새우 등의 세 가지 해산물로 만든 요리를 뜻하나, 3가지 신선한 채소로 만든 요리를 뜻하기도 한다.

(2) 팔보(八寶 bā bǎo) : 여덟 가지 진귀한 재료를 배합하여 만든 요리.

(3) 오향(五香 wǔ xiāng 우샹) : 중국 요리에 쓰는 다섯 가지 향신료(팔각, 정향, 계피, 진피, 산초).

(4) 십금(什錦 shí jǐn) : 3가지 이상의 재료 배합을 뜻하며, 보통 '모듬'을 뜻한다. 모듬 채소 볶음(素什錦).

(5) 삼정(三丁 sān dīng) : 세 가지 재료를 정육면체로 썰어서 배합한 요리

를 말한다.

(6) 회(燴 후이) : 녹말가루를 연하게 풀어 넣어 만든 것.

(7) 천(川 촨) : 찌개와 같은 조리법으로 국물이 적고 건더기가 많은 것.

(8) 갱(羹 껑) : 국물에 전분질 따위를 넣어 걸쭉하게 한 것.

(9) 유(溜 류) : 달콤한 녹말 소스를 얹어 만든 것.

(10) 주(酎 조우) : 술을 쓴 요리.

6. 조리법에 따른 용어

중국 음식의 이름은 요리의 모양이나 처음 만든 사람, 지명을 나타내기도 하지만, 대부분 조리법, 주재료, 주된 맛을 나타내도록 구성되어 있다. 따라서 요리 이름을 통해 그 음식이 어떤 재료를 주재료로 하여 어떤 방법으로 조리되었으며, 어떤 맛인지는 대강 짐작할 수 있다.

· 초(炒 chǎo 챠오) : 볶는다. 요리의 종류에 따라 불의 세기가 다르다. 초 조리법을 사용한 대표적인 요리로 부추볶음, 당면잡채가 있다.

· 폭(爆 bào 빠오) : 고기를 소량의 뜨거운 기름에 단시간 데친다. 궁보 계정.

· 전(煎 jiān 젠) : 한국식 지짐보다 기름을 많이(200~300cc)넣고 지진다. 지진교자, 난자완스.

· 작(炸 zhà 쟈) : 팬에 기름을 1리터 이상 넣고 튀긴다. 자장면

· 류(熘 liūu 료우) : 물녹말을 넣어 매끄럽게 윤기를 낸다. 류산슬, 라조기, 탕수육.

· 팽(烹 pēng 펑) : 원래는 '삶다'라는 뜻으로 튀기거나 지진 다음 소스를 끼얹어 센 불에서 수분을 증발시킨다. 깐풍기

· 첩(貼 tiē 테) : 기름을 두른 팬에 교자나 작은 포자를 넣고 뚜껑을 닫고

지지다가 물을 조금 부어 증기로 부드럽게 익힌다.

· 취(脆 cuì 췌) : 얇게 튀김옷을 입혀 바삭하게 튀긴다.

· 소(燒 shāo 샤오) : 기름에 지지거나 튀긴 뒤 육수를 넣고 조린다.

· 배(扒 pá 파) : 기름, 향신료, 주재료, 육수를 넣고 은근한 불에 졸이다
가 물 녹말을 넣는다.

· 민(燜 mèn 먼) : 뚜껑을 덮고 약한불에서 졸인다.

· 회(燴 huì 훼) : 재료와 소량의 기름을 넣고 끓여서 재료의 녹말 성분
이 우러나오게 하거나 녹말을 첨가한다.

· 탄(汆 tǔn 퇸, 툰) : 재료를 채, 편, 완자로 만들어 육수에 끓인다. 청탕
어 환(淸湯魚丸), 탄환자(汆丸子).

· 자(煮 zhǔ 쥐, 쥬) : 동식물성 재료를 잘게 썰어서 센 불에서 끓이다
가 불을 낮춰 약한 불에서 끓인다.

· 돈(炖 dùn 뒨) : 덩어리가 큰 동식물성 재료를 물에 살짝 데친 뒤 물을
버리고 다시 물(육수)을 부어 은근한 불에서 곤다. 청돈계(淸炖鷄).

· 외(煨 wēi 웨이) : 돈(炖)과 같다. 센 불에서 끓이다가 약한 불에서
은근히 익힌다. 간장으로 색을 내거나 그냥 익힌다.

· 쇄(涮 shuàn 쏸)또는 탕(燙 tāng) : 얇게 썬 고기를 살짝 익혀 소스를
찍어 먹는다. 쇄양육(涮羊肉), 마랄탕(麻辣湯).

· 천(川 chuān 촨) : 탄(汆)과 같다.

· 탕(湯 tāng 탕) : 수프 또는 맑은 육수.

· 증(蒸 zhèng 정) : 찐다. 증포자(蒸包子).

· 고(烤 kǎo 카오) : 불에 직접 굽거나 오븐에 굽는다. 북경오리구이.

· 동(凍 dòng 똥) : 묵처럼 굳힌다.

· 훈(燻 hūi 훼이) : 연기로 찌는 훈연법이다.

· 반(拌 빤) : 뒤섞다.

· 발사(拔絲, 빠스) : 재료의 생것에 전분 또는 쌀가루를 묻히고 꿀, 물
엿, 설탕으로 옷을 입혀 튀긴 것으로 첨채류에 사용한다.

7. 인명 및 지명에 의한 용어

어느 나라나 인명, 지명에 관계된 요리 이름이 있기 마련이지만 특히 중국은 인명, 지방적 특색, 경축과 연관이 있는 이름이 많기로 유명하다.

1) 인명에 관계된 용어

· 뚱퍼로우(東坡肉) : 돼지고기를 크게 잘라 연하게 익힌 요리로 시인 소동파(蘇東坡)가 즐겨 먹었다고 하여 붙여진 이름.

· 리꿍따후이(李公大會) : 스쑤이(什碎)라고도 하며 우리나라의 전골과 비슷한 요리인데 식도락가로도 유명한 청말(淸末)의 정치가 이홍장(李鴻章)의 이름을 따서 붙인 이름.

2) 지방의 이름을 딴 용어

· 뻬이찡야쯔(北京鴨子) : 북경의 명물요리로서 집오리를 통째로 구워낸 것이다.

· 텐진멘(天津麵) : 천진, 광동지역에서 즐겨 먹는 국수 요리로 그 지방명을 따서 붙인 이름.

3) 연고로 붙여진 이름

· 삼. 오. 팔. 십(三·五·八·十(什)) : 숫자를 따서 각기 그 성격을 나타난 이름.

· 선보희금(仙寶喜錦) : 즐거움과 축하의 뜻을 담은 명칭을 붙인 것도 많다.

· 불도장(佛跳墻) : 닭고기, 돼지고기, 오리고기, 양고기 등 스무 가지가 넘는 재료를 소홍주 술항아리에 채우고 약한 불에 오래 고아서 만든 요리로, '뚜껑을 열면, 그 향이 곳곳에 퍼져, 중이 냄새를 맡고 담을 넘을 지경이다.'라는 시에서 붙여진 이름.

8. 주요 중국 요리명

· 탕수육(糖醋肉 탕추로우)

· 광동식탕수육(咕嚕肉 꾸러-로우)

· 고추잡채(靑椒肉絲 칭쟈오로쓰)

· 깐풍기(干烹鷄 乾烹鷄 깐펑지)

· 궁보계정(宮保鷄丁 꿍보-끼띵)

· 난자완스(南煎丸子 난지엔완쯔)

· 채소볶음(炒咸什 챠오시엔스)

· 마파두부(麻婆豆腐 마포또우푸)

· 감자빠스(拔絲土豆 빠쓰투토우)

· 발사서과(拔絲西瓜 빠스시꽈)

· 고구마빠스(拔絲瓜地 빠스띠꽈)

· 옥수수빠스(拔絲玉米 빠스위미)

· 사과빠스(拔絲蘋果 빠스-핑궈어)

· 찹쌀떡빠스(拔絲元宵 빠스-윈셔우)

· 홍소두부(紅燒豆腐 홍샤오또우푸)

· 가상두부(家常豆腐 꺄창또우푸)

· 탕수초어(糖醋草魚 탕추차오위)

· 탕수조기(糖醋黃魚 탕츄황위-)

· 탕수생선(糖醋魚塊 탕추-위콸)

· 생선완자탕(魚丸子湯 위완쯔탕)

· 라조기(辣椒鷄 라쟈오지)

· 새우케첩볶음(番茄蝦仁 판치에샤런)

· 새우칠리소스(乾燒蝦仁 간셔우샤, 인)

- 바닷가재칠리소스(乾燒龍蝦 간쇼롱-샤)
- 새우마요네즈(沙拉蝦球 사라하규우)
- 새우토스트(麵包蝦 맨뻐우-샤)
- 부추잡채(炒韭菜 챠오쥬차이)
- 경장육사(京醬肉絲 징짱-로쓰)
- 마라우육(麻辣牛肉 마라뉴로우)
- 상추쌈요리(什錦炒肉鬆 시긴처우유송)
- 청경채우육편(青菜牛肉 칭차이뉴-로)
- 달걀탕(鷄蛋湯 지딴탕 蛋花湯 딴화-탕)
- 옥수수게살탕(蟹肉玉米湯 쒜유위미탕)
- 게살샥스핀수프(蟹肉魚翅湯 쎄유위츠탕)
- 샥스핀찜(紅燒排翅 홍셔우파이츠)
- 삼사어치(三絲魚翅 싼슬-위츠)
- 북경어치(北京魚翅 베찡-위츠)
- 생선찜요리(青蒸海鮮 핑쫑하이-센)
- 홍소해선(紅燒海鮮 홍쇼하이샌)
- 제비집수프(上官燕窩 상관앤-워)
- 불도장(佛逃牆 훼-테우챵)
- 채소두부탕(蔬菜豆腐湯 수차이또후탕)
- 산자선단(蒜仔鱔段 쑤안쯔산뚜안)
- 총소해삼(葱燒海蔘 총샤오하이션)
- 홍소해삼(紅燒海蔘 홍쏘하이슨)
- 시금오룡(什錦烏龍 시긴-오룽)
- 전가복(全家福 췬갸-부우)
- 국화어(菊花魚 귀화-위)
- 부용게살(芙蓉蟹肉 부용쒜-로)
- 해삼전복(海蔘鮑魚 하이슨뻐우위)
- 일품오룡(一品烏龍 이핀-오룽)

· 팔보채(八寶菜 빠뻐우차이)

· 삼선과파(三鮮鍋巴 싼시엔꾸오바)

· 류산슬(溜三絲 류싼쓸)

· 어향계사(魚香鷄絲 위시앙지쓰)

· 산랄탕(酸辣湯 쑤안라탕)

· 청증계어(淸蒸桂魚 칭정꾸이위)

· 청증해어(淸蒸海魚 칭정하이위)

· 수자육편(水煮肉片 쉐이쥬로우피엔)

· 향고채심(香菇菜心 시앙구차이신)

· 과탑두부(鍋榻豆腐 꾸어타또우푸)

· 첨초우류(尖椒牛柳 지엔쟈오니우류)

· 송인옥미(松仁玉米 쏭런위미)

· 유민대하(油燜大蝦 요우먼따샤)

· 간소어(干燒魚 깐샤오위)

· 간편우육사(干煸牛肉絲 깐삐엔뉴로우쓰)

· 파라고로육(菠蘿咕咾肉 뽀루오꾸라오로우)

· 옥미갱(玉米羹 위미껑)

· 강총국육해(姜蔥焗肉蟹 지앙총쥐로우시에)

· 조주소초황(潮州小炒皇 챠오조우샤오챠오항)

· 백화옥자두부(百花玉子豆腐 빠이화위쯔또우푸)

· 벽녹포패(碧綠鮑貝 삐루빠오뻬이)

· 서호우육갱(西湖牛肉羹 시후뉴로우껑)

· 서영전연계(西檸煎軟鷄 씨닝지엔루안지)

· 양주초반(揚州炒飯 양죠우챠오판)

· 길열하구(吉列蝦球 찌리에샤치우)

· 향전은설어(香煎銀雪魚 시앙지엔인쉬에위)

· 산용증대자(蒜茸蒸大子 쑤안롱정따이즈)

· 비취훈육권(翡翠熏肉卷 페이췌쉰로우쥐앤)

- 홍소대포시(紅燒大鮑翅 홍샤오따빠오츠)
- 고야(烤鴨 카오야), 북경오리(北京烤鴨 빼찡커우-야)
- 양육천(羊肉串 양로우촨)
- 양장피 잡채(炒肉兩張皮 챠오로우량쟝피)
- 오징어냉채(凉拌墨魚 리앙빤머-위)
- 해파리냉채(凉伴海蜇皮 리앙빤하이저피)
- 오품냉채(五品冷盤 오핀릉-판)
- 대하냉채(冷拌大蝦 량빤따-햐)
- 봉황냉채(鳳凰盤 뷩황빙-판)
- 라복권(蘿卜卷 루오뽀쥐앤)
- 오향계정(五香鷄丁 우샹지띵)
- 오향장육(五香醬肉 우샹쨩로)
- 송화단(松花蛋 쏭화-딴)
- 산랄황과(酸辣黃瓜 쑤안라황꽈)
- 자춘권(炸春卷 쟈춘쥐앤)
- 물만두(水餃子 쉐이쟈오쯔)
- 월병(月餠 위에삥)
- 종자(綜子 쫑즈)
- 팔보반(八寶飯 빠바오판)
- 혼돈(餛飩 훈툰)
- 소맥(燒麥 샤오마이)
- 작수하(炸酥荷 자쑤허)
- 마단(麻団 마투안)
- 자장면(炸醬面 쟈쟝미엔)
- 짬뽕(炒碼麵 처우마멘)
- 유탑자(油塔子 요우타즈)
- 소병(燒餅 샤오삥)
- 꽃빵(花卷 화쥐앤)

· 포자(包子 빠오즈)

· 소롱포(小籠包 샤오롱빠오)

· 수도(壽桃 쇼우타오)

· 연이포(蓮茸包 리엔롱빠오)

· 영남단달(岭南蛋撻 링난딴타)

· 천층수(千層酥 치엔청쑤)

· 지과병(地瓜餠 띠꽈빙)

· 광동수교(廣東水餃 꾸앙똥쉐이쟈오)

· 단황교(蛋黃餃 딴황쟈오)

· 과인향우병(瓜仁香芋餠 꽈런시앙위삥)

· 타로면(打鹵面 따루미엔)

· 분분자리고(紛紛喏喱糕 쮄쮄져리까오)

9. 중국 요리의 영어표기법

	요리명	영어표기법
1	특색 냉채(特色拼盤)	Special Assorted Cold Dishes
2	네 가지 냉채(四色拼盤)	Four Kinds of Cold Dishes
3	세 가지 냉채(三色拼盤)	Three Kinds of Cold Dishes
4	전복 냉채(冷拌鮑魚)	Cold Sliced Abalone
5	송이와 제비집 요리(松茸蒸窩)	Braised Superior Bird's Nest with Pine Mushroom
6	게살 제비집 수프(蟹肉燕窩)	Crab meat Soup with Bird's Nest
7	옥수수 제비집 수프(玉米燕窩)	Corn Soup with Bird's Nest
8	일품해삼(一品海蔘)	Braised Sea Cucumber Stuffed with Minced Shrimps
9	송이해삼(松茸海蔘)	Braised Sea Cucumber with Sliced Pin Mushrooms
10	해삼관자(海蔘乾貝)	Braised Sea Cucumber with Scallops
11	해삼과 삼겹살(海蔘扣肉)	Braised Sea Cucumber with Pork Belly
12	가상해삼(家常海蔘)	Braised Sea Cucumber and Minced Beef with Hot Sauce
13	홍소해삼(紅燒海蔘)	Braised Sea Cucumber
14	해삼전복(海蔘鮑魚)	Braised Abalone with Sea Cucumber
15	전복 굴기름소스(蠔油鮑魚)	Braised Abalone with Oyster Sauce
16	아스파라거스 전복(露筍鮑魚)	Braised Abalone with Asparagus
17	송이전복(松茸鮑魚)	Braised Abalone with Sliced Pine Mushrooms
18	어향관자(魚香帶子)	Braised Scallops with Chilli Bean Sauce
19	상어지느러미찜(特大排翅)	Braised Whole Shark's Fin with Oyster Sauce
20	광동식 상어지느러미 요리(廣東魚翅)	Cantonese Style Shark's Fin with Oyster Sauce
21	삼선 상어지느러미 요리(三鮮魚翅)	Braise Shark's Fin with Three Kinds of Seafood
22	게살 상어지느러미 수프해육어(海肉魚翅)	Shark's Fin with Crab Meat Soup

	요리명	영어표기법
23	생선찜(淸蒸鮮魚)	Steamed Whole Live Fish
24	탕수 생선볶음(糖醋魚球)	Fried Fish with Sweet and Sour Sauce
25	채소 생선볶음(荣遠魚球)	Fried Fish with Vegetable
26	새우칠리소스(乾燒蝦仁)	Braised Shrimp with Chilli Sauce
27	고추새우볶음(宮爆蝦仁)	Sauteed Shrimp with Hot Pepper and Peanuts
28	왕새우요리(깐풍, 칠리소스)(乾燒大蝦)	Braised King Prawns-Garlic, Chili Sauce
29	왕새우튀김(炸大蝦)	Fried King Prawns
30	신선한 바닷가재요리(活龍蝦)	Live Lobster
31	바닷가재요리(칠리, 마늘, 콩자장소스)(鮮龍蝦類)	Braised Lobster-Chili, Garlic, Bean Sauce
32	삼겹살찜 요리(東坡肉)	Steamed Pork Belly in Soy Sauce
33	광동식 탕수육(古老肉)	Sweet and Sour Pork
34	삼겹살 매운소스 볶음(回鍋肉)	Sauteed Pork Belly and Vegetables in Hot Sauce
35	깐풍기(乾烹鷄)	Sauteed Chicken in Garlic Sauce
36	라조기(辣椒鷄)	Sauteed Chicken with Mushrooms, Bamboo Shoots and Hot Red Peppers
37	닭고기 고추볶음(宮爆鷄丁)	Sauteed Diced Chicken and Peanuts with Hot Red Pepper
38	닭고기 레몬소스	Chicken in Lemon Sauce
39	닭고기 캐슈넛(腰果鷄丁)	Sauteed Diced Chicken with Cashew nuts
40	난자완스(南煎丸子)	Braised Minced Beef Balls
41	피망 쇠고기볶음(靑椒牛肉絲)	Sauteed Shredded Beef with Green Peppers
42	쇠고기 상추쌈(安仁牛鬆)	Sauteed Beef wrapped in Lettuce
43	쇠고기 탕수육(糖醋牛肉)	Sour and Sweet Sauce with Beef
44	쇠고기 자장볶음(京炸牛肉絲)	Sauteed Shredded Beef in Bean Paste
45	깐풍 쇠고기(炸烹牛肉)	Sauteed Beef with Garlic Flavor
46	청채 굴기름소스(蠔油靑菜)	Chinese Green Vegetables with Oyster Sauce
47	각종 채소볶음(頂湖上素)	Braised Mixed Vegetables
48	송이와 아스파라거스(松茸露筍)	Pine Mushrooms and Asparagus
49	마파두부(痲婆豆腐)	Bean Curd with Minced Meat with Hot Sauce
50	삼선 두반두부(三鮮 豆瓣豆腐)	Braised Bean Curd and Sea Cucumber, Shrimp with Hot Sauce

	요리명	영어표기법
51	비파두부(琵琶豆腐)	Sauteed Bean Curd with Oyster Sauce
52	일품두부(一品豆腐)	Steamed Bean Curd with Crab Meat Sauce
53	팔보채(八寶菜)	Sauteed Mixed Seafood
54	양장피 잡채(炒肉兩張皮)	Assorted Hot and Cold Dishes with Mustard Sauce
55	류산스(榴三絲)	Braised Sea Cucumber with Shrimp and Beef
56	전가복(全家福)	Sauteed Seafood and Vegetables
57	삼선누룽지탕(三鮮鍋巴)	Seafood and Brown Sauce on Fried Crisp Rice
58	옥수수 수프(鷄茸栗米湯)	Corn Soup
59	삼선 수프(三鮮湯)	Seafood Soup
60	불도장(古法佛跳牆)	Mini Buddha Jumps Soup
61	청채전복 수프(靑菜鮑魚湯)	Vegetables Soup with Sliced Abalone
62	산라탕(酸辣湯)	Hot and Sour Soup
63	새우볶음밥(蝦仁炒飯)	Fried Rice with Shrimps
64	잡탕밥(八珍燴飯)	Chop Suey on Steamed Rice
65	게살볶음밥(蟹肉炒飯)	Fried Rice with Crab Meat
66	류산슬덮밥(溜三絲飯)	Sauteed Sliced Seafood on Rice
67	팔진볶음밥(八珍炒飯)	Fried Rice with Seafood
68	물만두(水餃子)	Boiled Beef Dumplings
69	군만두(煎餃子)	Fried Beef Dumplings
70	새우춘권(鮮蝦春卷)	Minced Shrimp Spring Rolls
71	수정새우만두(水晶蝦餃)	Steamed Shrimp Dumplings
72	은사권(중국식빵)(銀絲卷)	Steamed Plain Roll
73	기스면(鷄絲湯麵)	Noodle Soup with Chicken Meat
74	삼선자장면(三鮮醬麵)	Noodle and Seafood with Black Soy Bean Sauce
75	채소해물짬뽕(三鮮炒馬麵)	Noodle Soup, Beef and Vegetables with Hot Red Peppers
76	유니자장(肉泥醬麵)	Noodle with Minced Beef in Bean Paste Sauce
77	채소탕면(上素湯麵)	Noodle Soup with Mixed Vegetables
78	쇠고기탕면(牛肉湯麵)	Noodle Soup with Beef

	요리명	영어표기법
79	팔진탕면(八珍湯麵)	Noodle Soup with Seafood
80	팔진초면(八珍炒麵)	Fried Noodles with Mixed Seafood
81	채소초면(上素炒麵)	Fried Noodles with Vegetables
82	계절과일(鮮果)	Season's Fruits
83	참쌀떡탕(拔絲元宵)	Fried Honey-Glazed Rice Balls
84	은행탕(拔絲百果)	Fried Sweet Gingko Nuts
85	리찌두부(荔枝豆腐)	Iced Almond Jelly with Ly-Chees
86	메론시미로(蜜瓜西米露)	Melon Si-Mi-Ro
87	야지시미로(椰汁西米露)	Coconuts Si-Mi-Ro
88	소흥주(陣年紹興酒)	Sha Oh Sing Wine
89	공부가주(孔俯家酒)	Kong Bu Ga Chiu
90	죽엽청주(竹葉淸酒)	Chu Yeh Ching Chiu
91	마오타이(芽台酒)	Mau Tai Chiu
92	귀주마오타이(貴州芽台酒)	Kewichow Mau Tai Chiu
93	본산고량주(本産高梁酒)	Kau Lyang Chiu

일본조리

1. 일본 조리의 특징

일본요리는 사계절 감각을 소중히 여기고 소재를 잘 살려 색, 형태, 재질 등으로 변화에 풍부한 용기를 사용하며 공간을 잘 살려 장식을 하는 등 전체적으로 섬세한 감각에 통일된 아름다움을 지니는 것이 특징이다.

식단표를 작성할 때는 계절감을 넣고 재료에 변화를 주며 오미오감(五味五感)을 적당히 잘 짜 넣도록 한다.

식단표의 요리는 기수로 짜 맞추며 전채(前菜 젠사이), 회 또는 초회(向付け 무꼬우쯔게), 맑은 국(吸物 스이모노), 구이(燒き物 야끼모노), 조림(煮物 니모노), 술안주(口取り 구찌도리), 초회(酢の物 스노모노) 등이 일반적인 순서이지만 바꿀 수도 있다.

2. 식단구성

1) 혼젠요리(本膳料理)

주로 관혼상제 때에 쓰여진 정식 식단이며 의식요리(儀式料理)로서, 차리기가 매우 잡하나, 일본 음식의 기초적인 식단으로 구성된 요리이다.

식단형식

· 혼젠(본상) : 국(된장국), 밥, 고오노모노(香の物 : 일본식 김치), 무코오즈케(向付 : 초회), 쓰보(坪 : 채소나물 및 채소조림, 어묵조림)
· 니노젠(두 번째 상) : 국(맑은 국), 히라(平 ; 다섯가지를 배합한 조림), 쵸쿠(猪口 : 나물무침)
· 산노젠(세 번째 상) : 국(된장국 또는 생선국), 무코오즈케, 타키아와세(焚合 : 어패류, 닭고기, 채소 등을 재료별로 조려서 그릇에 예쁘게 담는 것)
· 요노젠(곁상) : 야키모노(燒物 : 도미의 통구이)
· 고노젠(다섯 번째 상) : 다이히키(台引 ; 손님들이 선물로 집에 가져갈 수 있는 요리나 과자류, 생선 등을 모양 그대로 요리하여 호화스럽게 접시에 담은 것)

2) 카이세키요리(懷石料理)

이것은 다석(茶席)을 위한 요리인데, 카이세키란 불교의 일파인 선종(禪宗)에서 기인된 말이다. 선승(禪僧)이 수업 중 단식의 좌선 때에 공복감을 막기 위하여 돌을 뜨겁게 하여 헝겊에 싸서 품 속에 넣었다고 하며, 이 선승이 지도한 카이세키가 후에 다도(茶道)에서 차리는 요리의 총칭이 되었다.

식단형식

식단은 1즙 3채(1汁 3菜) 보통이며, 밥, 국(汁 : 된장국), 무코오즈케, 니모노(煮物)라는 조림, 야키모노 등으로 구성된다.

3) 카이세키요리(會席料理)

혼젠요리 형식에 카이세기(懷石)요리 형식을 가미한 것으로서, 회합의 음식으로 많이 이용되고 있다. 우리가 반상의 경우 반찬의 가짓수를 첩으로 나타내듯이 여기서도 상에 차려지는 음식의 가짓수를 품(品)으로 나타낸다. 가장 간단한 것이 3품이고, 5품, 7품, 9품, 11품이 있지만 가정에서는 5품, 7품 정도가 만들기에도, 또 먹기에도 가장 적당하다.

식단형식

- 3품 식단 : 밥(飯), 국(汁), 니모노 또는 야키모노, 무코오즈케, 고오노모노
- 5품 식단 : 밥과 고오노모노 외에 스이모노(吸物 : 맑은 장국), 니모노, 무코오즈케, 야키모노, 쵸쿠
- 7품 식단 : 5품 식단 외에 아이오우(合魚 ; 찜, 튀김)와 스노모노(酢の物 ; 초무침)를 곁상 위에 올린다. 7품 식단이 되면 술이 반드시 나오므로 전채요리(前採料理)가 나온다. 그리고 곁상은 혼젠의 니노젠에 해당된다.
- 9품, 11품 식단 : 7품 식단 외에 아게모노(揚物 ; 튀김), 무시모노(蒸物 ; 찜), 아에모노(和物 ; 무침)등을 적당히 낸다.

4) 쇼오진요리(精進料理)

이것은 비린내 나는 것을 피하고 채소류, 건물(乾物 ; 버섯류), 두부, 해초류 등 식물성 식품만을 재료로 한, 사원을 중심으로 발달한 요리이다. 불교의 종파에 따라서 요리의 경향도 다르지만 육식을 금하는 것을 원칙으로 했으며, 소금만으로 간을 하고 설탕을 쓰지 않았다.

식단형식

식단은 혼젠요리처럼 1즙 3채(1汁 3菜), 1즙 5채, 2즙 5채, 3즙 7채 등의 기본에 따라 구성되는데, 시루모노(汁物 ; 된장국, 스이모노, 니모노, 무시모노, 아게모노, 스노모노) 등을 맛과 빛깔과 계절감을 맞추어 구성한다.

- 1즙 3채 : 혼젠의 조림 대신 스노모노를 넣는다.
- 2즙 3채 : 혼젠의 6품 외에 고오노모노가 들어간다.(밥과 고오노모노는 품수에 들어가지 않음)
- 3즙 7채 : 혼젠요리식으로 내고, 술을 낸 다음 곁상을 낸다. 그 외에 과일, 과자, 마지막으로 반챠(番茶 : 보통엽차)를 낸다.

5) 후챠요리(普茶料理)

오오바쿠산(黃壁山), 만푸쿠지(萬福寺)의 사대법왕인 토쿠치(獨湛) 승이 중국에서 찾아온 선승들을 접대할 때 쇼오진요리를 중국식으로 조리했던 것에서 비롯된 것인데, 순수한 중화요리의 특징을 깊게 받아들여 기름을 많이 사용하고 녹물을 써서 걸쭉한 국물을 붓는 조리법이 많다. 지금도 우지(宇治)의 오오바쿠산의 후챠요리는 유명하다. 그래서 오오바쿠요리라고도 한다.

6) 찬합요리

찬합(重箱)요리는 신혼부부의 첫날밤을 위한 밤참으로 혼례 잔치 때에 장만한 요리를 이것저것 담아서 준비해 주던 것에서 시작되었지만 현재는 신정요리(新正料理)로 축하의 뜻을 갖게 되었다. 3일간 먹을 수 있게 장만하여 주부가 3일간 설을 즐길 수 있게 한다. 4층 찬합에 3, 5, 7의 홀수로 요리를 한다. 이것을 쥬우바코(重箱) 또는 쥬우즈메(重詰)라고 한다. 또는 오세치요리(御節料理)즉 정월요리라고 한다.

3. 조리기구 및 썰기 용어

1) 조리기구

- 호우죠우(包丁, 칼)

- 우스바보우쬬우, 데바보우쬬우, 사시미보우쬬우, 호네기리보우쬬우, 우나기사끼, 스시기리보우쬬우, 나기리보우쬬우, 구리무끼보우쬬우

· 도이시(砥石, 숫돌)

 - 아라이시(굵은 숫돌), 나까이시(중간 숫돌), 시아게이시(마무리 숫돌)

· 나베(鍋, 냄비)

- 후가이나베(깊은 냄비), 아사이나베(얕은 냄비), 우스이나베(얇은 냄비), 아쯔이나베(두꺼운 냄비)

- aluminum鍋, 데쯔나베(철냄비), 아까도나베(붉은 동냄비), 도나베(토기냄비), 不銹鍋(스테인리스 스틸), 내열글라스냄비, 호로우나베(법랑냄비), 우찌다시나베(요철냄비), 무시기(찜냄비), 가따데나베(한손잡이냄비), 료데나베(양손잡이 냄비)

- 아게나베(튀김냄비), 마끼야끼나베(달걀말이 냄비), 돔부리나베(덮밥냄비)

· 마나이다　　　　　도마
· 오도시부따　　　　뚜껑
· 가미부따　　　　　종이뚜껑
· 샤꾸시　　　　　　국자, 주걱
· 아부라기밧도　　　튀김철망
· 우스이다　　　　　얇은 판자
· 스리바찌　　　　　절구
· 오로시가네　　　　강판
· 멘보우　　　　　　밀봉
· 나가시깡　　　　　각이 진 이중으로 된 스테인리스 틀
· 오시바꼬　　　　　상자초밥틀
· 오시가다　　　　　눌림틀
· 마끼스　　　　　　발
· 우라고시기　　　　체

- 자루   소쿠리
- 누끼이다   수분제거용 도마
- 보오루   볼
- 바토   batto
- 사사라   생선 배속 씻는 솔
- 꾸시   꼬챙이
- 누끼가다   화형틀
- 우찌누끼   오이 등의 심을 배는 기구
- 구리누끼   둥글게 파내는 것
- 하게   붓
- 고무베라   고무주걱
- 호네누끼   쪽집게
- 메우찌   장어를 도마에 고정시키는 송곳
- 우로고히끼   비늘 치는 도구
- 죠리요우노하시   조리용젓가락
- 사이바시, 가나바시, 고네바시
- 고마이리   깨를 볶는 도기
- 하끼쯔쯔   소면 등을 빼는 기구
- 한기리   초밥나무통
- 이찌몽지   금속 뒤집개

2) 기본썰기

- **둥글게 썰기(輪切り ; 와기리)** : 무(大根 ; 다이꽁), 당근(人參 ; 닌징), 레몬, 고구마 등 둥근 것을 그대로 자르는 것을 말하며 두께는 요리의 목적에 따라 다르게 한다.

- **반달썰기(半月切り ; 한게스기리)** : 무, 당근 등을 세로로 이등분하여 적당한 두께로 자른다. 조림요리(煮物 ; 니모노)등에 이용된다.

- **은행잎사귀 썰기(銀杏切り ; 잇쬬기리)** : 무, 당근, 이십일무(かぶ ; 가부)등 둥근 것을 십자형으로 잘라 적당한 두께로 잘라 이용한다. 조림요리(煮物 : 니모노), 맑은 국물의 부재료(椀種 : 완다네)등에 이용한다.

- **부채모양썰기(地紙切り ; 지가미기리)** : 무, 당근 등을 은행잎사귀 썰기를 해서 그림과 같이 가운데를 둥글게 자른다.

- **엇비슷하게 썰기(斜め切り ; 나나메기리)** : 당근, 우엉(牛蒡 : 고보), 땅두릅(うど ; 우도우) 등을 대각으로 자르는 것으로 조림요리 등에 많이 이용한다.

- **육면체막대썰기(拍子木切り ; 보시끼기리)** : 무 등을 길이 5~6cm, 두께 7~8mm의 크기로 자르는 것을 말하며 감자 등의 튀김에도 이용된다.

- **육면체썰기(菜の目切り ; 사이노매기리)** : 1cm 두께로 육면체막대썰기로 자른 것을 1c㎡의 크기로 자른다.

- **곱게져미기(微塵切り ; 미진기리)** : 생강(生姜 : 쇼가), 와사비(わさび), 파세리(ぺせり)등을 채썰기(せん切り ; 센기리)한 것을 다시 아주 작게 자른 것으로서 찜요리(蒸し物 : 무시모노), 무침요리(和え物 : 아에모노), 맑은 국물요리(椀種 : 완다네), 양념(藥味 : 야꾸미) 등에 사용한다.

- **작은 육면체썰기(微霰切り ; 아라레기리)** : 육면체썰기(さいの目切り ; 사이노매기리)의 작은 것으로 5mm두께 정도로 자른 것을 말한다.

- **곱게 써는 것(小口切り ; 고구지기리)** : 파(ねぎ ; 네기), 오이(胡瓜 ; 규우리)등의 가는 것을 끝에서부터 적당한 두께로 자르는 것을 말한다.

- **채 썰기(せん切り ; 센기리)** : 무(大根 : 다이꽁), 당근(人蔘 : 닌징)등을 5~6cm로 썬 것을 세로로 얇고 가늘게 써는 것을 말한다.

- **채로 써는 것보다 굵게 써는 것(千六本切り ; 센록본기리)** : 써는 방법(切り方 : 기리가다)은 채썰기(せん切り ; 센기리)와 같으나 채썰기보다는 두껍게 성냥개비 정도로 자르는 것을 말한다.

- **바늘처럼 곱게 썰기(針切り ; 하리기리)** : 와사비(わさび), 생강(生姜 ;

쇼가) 등을 가능한 얇게 썰어 이것을 바늘모양으로 가늘게 썰어 사용한다. 맑은 국(吸物 ; 스이모노), 초회(酢物 ; 스노모노), 무침요리(和え物 ; 아에모노), 위로 올리는 것(天盛り ; 뎬모리)등에 사용한다.

• **책장썰기(短册切り ; 단자꾸기리)** : 땅두릅(うど ; 우도우), 무(大根 ; 다이꽁), 당근(人參 ; 닌징) 등을 길이 4~5cm, 폭 1cm 정도로 자르는 것을 말한다. 초회(酢物 ; 스노모노), 국물요리 주재료(椀種 ; 완다네) 등에 사용한다.

• **색종이썰기(色紙切り ; 이로가미기리)** : 무, 당근 등을 2.5cm 너비로 얇게 썰은 것을 말한다.

• **얇게 벗기기(桂むき ; 가쓰라무끼)** : 무(大根 ; 다이꽁), 당근(人參 ; 닌징), 땅두릅(うどう ; 우도우) 등을 길이 5~6cm로 잘라 감긴 종이를 풀 듯이 얇게 벗기는 것을 말한다.

• **땅두릅꼬아썰기(縒獨活 ; 요리우도)** : 얇게 벗긴(桂むき ; 가쓰라무기) 것을 펼쳐 비스듬히 7~8㎜ 폭으로 자른 다음 물에 넣으면 꼬여지는 것을 말한다.

• **멋대로 썰기(亂切り ; 란기리)** : 우엉(牛旁 ; 고보), 당근(人參 ; 닌징) 등의 둥근 것을 돌려가며 엇비슷하게 썬(斜め切り ; 나나메기리) 것을 말한다.

• **대나무 잎사귀처럼 써는 것(ささがき ; 사사가끼)** : 칼끝을 사용하여 연필을 깎듯이 돌리면서 가늘게 써는 것을 말하며 미꾸라지냄비(柳川鍋 ; 야나가와나베)나 맑은 국(吸物 ; 스이모노) 등에 사용한다.

• **둥근 빗살처럼 자르는 것(櫛形切り ; 구시가다기리)** : 양파(玉蔥 ; 다마네기) 등을 절반으로 잘라 다시 머리빗 모양으로 자르는 것을 말한다.

• **그물썰기(網切り ; 아미기리)** : 사각으로 자른 재료의 중앙에 젓가락을 넣어 일정한 간격으로 칼집을 넣어 돌려 깎아 소금물에 담갔다가 사용한다.

3) 장식썰기(飾り切り ; 가쟈리기리)

일본 요리의 장식썰기는 아름다움을 즐기려는 하나의 방법이다. 특히 정월의 절기요리 혹은 정월요리(おせち요리 ; 오세찌요리)와 회석요리(會席料理 ; 가이세끼요리) 등에서 화살 뒷모양(失羽蓮根 ; 야바렌꽁)이나 꽃모양의 당근(花形人蔘 ; 하나가다닌징), 자센나써(茶洗ん茄子) 등은 얇게 써는 것(切り方 ; 기리가다)의 아름다움을 살린 것이라 할 수 있다.

- **각돌려 깎기(面取り ; 멘도리)** : 삶을 때 또는 장기간 삶을 때 모서리가 날카로우면 망가지기 쉽기 때문에 손질하는 것을 말한다.

- **국화꽃 썰기(菊花切り ; 기꾸까기리)** : 첫 번째 방법은 죽순(竹の子 ; 다께노꼬) 등의 뿌리류를 길이 3~4㎝로 잘라 지그재그로 껍질을 파도모양처럼 얇게 써는 것(桂むき ; 가쓰라무끼)이다.

  두 번째는 무(大根 ; 다이꽁), 이십일무(蕪 ; 가부라) 등을 2.5㎝ 두께로 둥글게 잘라(輪切 ; 와기리)껍질을 벗겨 칼끝을 바닥에 붙이고 칼 중앙 부분을 사용해 밑바닥을 조금 남기고 가로세로 조밀하게 칼을 넣는다.

- **부채살썰기(末廣切り ; 스에히로기리)** : 죽순(竹の子 ; 다께노꼬), 생강(生姜 ; 쇼가) 등을 세로로 2/3 가량 칼을 넣어 넓게 펼친 것을 말한다.

- **꽃만들기(花形切り ; 하나기리)** : 당근(人蔘 ; 닌징) 등을 5~6㎝ 길이로 잘라 정오각형이 되도록 한 면을 잘라낸다. 이때 자른 쪽을 칼판에 대고 칼등이 15° 정도로 세워 자르면 좋다.

- **매화꽃 돌림만들기(ねじ梅 ; 네지우매)** : 매실꽃 모양(梅形 ; 우매가다)의 당근(人蔘 ; 닌징)을 칼자국을 내고 한 선 위에 외쪽의 선까지 비스듬히 얇게 잘라낸다.

- **소나무 잎사귀모양(松葉切り ; 마스바기리)** : 세로로 하여 껍질을 벗기고 5㎜ 두께로 잘라 끝을 약간 남기고 중앙에 칼을 넣는다. 그런 다음 끝을 벌리듯이 구부리고 다시 2㎜ 두께 정도로 잘라 모양을 만든다.

- 엇갈려 썰기(折れ松葉 ; 오래마쓰바) : 생강을 빨갛게 물들이는 것(紅生姜 ; 베니쇼가)이나 유자껍질(柚子の皮 ; 유스노가와) 등을 약 1㎝ 폭 정도로 잘라 2~3㎜ 엇갈리게 잘라 비틀어 만든다.

- 오이 엇갈려 썰기(切違り胡瓜 ; 기리지가이규리) : 오이(胡瓜 ; 규리)는 5㎝ 정도로 잘라 중앙에 칼을 넣은 다음, 이 칼자국에서 양쪽에서 비스듬히 잘라 양분하면 된다.

- 뱀뱃살모양 썰기(蛇腹胡瓜切 ; 자바라규리) : 재료의 아래를 1/3~1/5 정도 남겨 잘려나가지 않게 하고 얇게 엇비슷하게 썰어(斜め ; 나나메) 적당한 길이로 잘라 사용하는 것을 말하며 또는 양면을 절반 정도까지 상하로 칼을 교차 되게 넣는 것을 말한다.

- 차젓기썰기(茶洗茄子 ; 자센나쓰) : 상하를 조금 남기고 세로로 깊이 칼을 잘게 넣어 조리를 한 다음 살짝 누르면 뒤틀려 보기 좋게 된다.

- 연근화살썰기(失羽根 ; 야바네넨꽁) : 연근(蓮根 ; 렌꽁)의 껍질을 벗겨 앞쪽을 두껍게 반대쪽을 얇게 엇비슷하게 썰고(斜め ; 나나메) 그 다음은 반대로 칼을 넣는다. 두꺼운 쪽을 밖으로 놓고 가운데 구멍을 중심으로 해서 세로로 썰어 세운다.

- 연근바구니썰기(坐籠蓮根切り ; 쟈가고넹꽁) : 연근을 1.5㎝로 둥글게 썰어(輪切り ; 와기리) 세로로 2개를 만들어 각을 없앤 후 얇게 벗기는 것(桂むき ; 가스라무끼)을 말한다.

  연근을 3~4㎝로 잘라 세로로 얇게 벗겨 적당한 길이로 잘라서 둥글게 미는 것이다.

- 우엉구멍내기(管牛蒡 ; 구다고보) : 우엉을 5~6㎝ 길이로 썰어 연하게 삶은 후 껍질로부터 2~3㎜ 안에 있는 나이테 모양에 쇠꼬챙이(金串 ; 가네구시)를 넣어 우엉(牛蒡 ; 고보)을 돌려 가운데 있는 것을 도려내는 것이다.

- 새끼꼬기(手綱切り ; 데쓰나기리) : 곤약은 1㎝ 두께로 자른 것을 중앙에 칼을 넣어 새끼처럼 한쪽 끝을 구부려 넣어 꼬이게 하는 것이다.

- 어묵매듭 만들기(結び蒲鉾 ; 무즈비가마보꼬) : 생선묵을 7㎜ 두께로 썰어 양쪽으로 아래위가 엇갈리게 칼집을 넣고 다시 가운데 칼집 부분

에 양끝을 통과시키는 것이다.

▪ **붓생강썰기(筆生姜切り ; 후데쇼가)** : 스쇼가(酢生姜)를 붓모양 등으로 만드는 것이다.

▪ **닻모양썰기(碇防風切り ; 이까리보후)** : 보후후라는 식물의 줄기를 십자칼을 넣은 형태로 만드는 것이다.

▪ **솔방울오징어(松かさ烏賊 ; 마쓰가사이까)** : 갑오징어는 물에 씻어 얇은 막을 벗기고 표면에 칼을 뉘듯이 넣어 뜨거운 물에 살짝 튀기면 보기 좋게 된다.

▪ **백발썰기(시라가네기)** : 흰 대파를 심을 빼고 펴서 최대한 곱게 썬 후 가제에 싸서 물에 헹궈 백발 모양을 낸다.

4. 재료에 따른 용어

1) 식재료

(1) 어패류(魚貝類)

(2) 채소(野菜 야사이)

(3) 건물 가공품

2) 조미료와 향미료

(1) 조미료(調味料)

① 간장(醬油 죠우)

· 코이쿠치죠우(濃口醬油) : 관동지방에서 보통 간장이라고 하는 빨간색 간장

· 우스쿠치죠우(簿口醬油) : 색이 엷고 짠맛이 진하며 주로 관서지방에서 사용

- 다마리죠우(たまり醬油)
- 나마죠우(生醬油)
- 시로죠우(白醬油)
- 간로죠우(甘露醬油)

② 된장(味噌 미소)

- 붉은색 된장(아카미소) : 관동지방. 독특한 좋은 맛과 담백한 맛을 낸다.
- 엷은색 된장(시로미소) : 관서지방. 달고 순하고 상쾌한 맛을 낸다.
- 콩된장(나메미소) : 단맛이 적다.

③ 미림(味淋) : 소주에 찐 찹쌀과 쌀누룩을 가해 숙성 양조.
  음식의 아름다움과 윤기 증가. 설탕의 1/3 정도의 단맛을 낸다.

④ 기름(油 아부라)

⑤ 식초(酢 스)

⑥ 정종(酒 사께) : 요리에 풍미를 주고 비린내 등 냄새를 제거한다.

⑦ 소금(鹽 시오)

⑧ 설탕(砂糖 사또우)

(2) 향미료, 양념(香味料 고우미료)

① 고추냉이(山葵 와사비) : 뿌리고추냉이(本山葵 혼와사비), 분말고추
  냉이(粉山葵 고나와사비)

② 겨자(芥子, 辛子 카라시)

③ 색고춧가루(七味唐辛子 시찌미도우가라시)

④ 차조기, 자소(蘇葉 시소)

⑤ 버들여뀌(蓼 다데)

⑥ 유자(柚子 유즈)

⑦ 산초(山椒 산쇼)

⑧ 생강(生姜 쇼우가)

⑨ 참깨(胡麻 고마)

⑩ 파(蔥 네기)

⑪ 양하(茗荷 묘우가)

3) 식자재 사용법

- **유바(湯葉)** : 두부를 만드는 과정 중, 콩을 갈아 끓일 때 떠오르는 거품과 엉키는 것을 떠서 건조시킨 것을 '유바'라 하며, 약간 말려 부드럽게 만든 것을 '나마유바', 단단하게 말린 것을 '호시유바'라고 한다. 다른 재료를 말아서 사용하기도 하고 튀겨서 사용하기도 한다.

- **한뼁(はんぺん)** : 어묵의 일종으로 어묵을 만들 때 생선살을 부드럽게 만들어 사각팬에 펴서 쪄낸 것으로 어묵보다 부드럽다. 스이모노에 사용하기도 하고 잘게 잘라 다른 음식에 넣기도 한다.

- **야키묘방(燒明)** : 백반을 구워서 만든 것으로 찬물에 풀어 밤이나, 토란 등 연한 채소류가 잘 부서지지 않도록 하는 데 사용한다.

- **게시노미(けしの身)** : 약간 덜 성숙된 양귀비 씨앗을 따서 말려 놓은 것으로 보통 구이요리 위에 뿌려준다.

- **구즈고(葛粉)** : 칡에서 빼낸 녹말가루로 응고시키는 작용을 한다.

- **신비키(新引)** : 찐 쌀과 보리를 반씩 섞어 갈아 좁쌀처럼 만든 것으로 튀김재료에 묻혀 튀길 때 사용한다.

- **스즈코(筋子)** : 약간 덜 성숙된 연어알을 말하며 아주 연하다. 완전히 성숙된 연어알은 이쿠라라고 한다. 사용할 때에는 소금에 절였다 술에 씻어서 사용한다.

- **시라이다 곤부(白板昆布)** : 흰다시마를 대패밥처럼 아주 얇게 깎아 놓은 것이다. 간을 한 국물에 살짝 삶아서 하코스시에 얹어 주기도 하고 무침 요리에 잘라 넣어 주기도 한다.

- **이도가기(絲家喜)** : 가쓰오부시를 실처럼 가늘게 깎아 놓은 것이다. 음식 위에 올려 함께 먹을 때나 무침 요리에 사용한다.

- **기누가와(絹皮)** : 죽순 속 껍질 삶은 햇죽순의 껍질 속에서의 아주 연한 순을 말하는 것이다.

- **우매보시(梅干し)** : 매실을 소금에 절여 쭈글쭈글하게 만들어 빨간 깻잎과 함께 절여 색깔을 들여 맛을 들인 것이다.

- **시치미 도오가라시(七味唐辛子)** : 일곱 가지 조미가루로, 고춧가루, 삼

씨, 파란 김, 흰깨, 검정깨, 풋고추가루, 산초 등 일곱 가지를 넣어 가루로 만든 것이다. 된장국, 우동 등에 넣어 먹는다.

- **도묘지(道明寺)** : 도묘지는 일본에 있는 절의 이름이고 이것이 처음 만들어 사용한 곳이 도묘지 절이었다고 한다. 찹쌀을 쪄서 말려 잘게 만들어 놓은 것이다. 사용할 때는 미지근한 물에 불려 살짝 쪄서 사용한다.

- **야마이모(山芋)** : 산마를 말한다. 그냥 갈아서 간을 하여 먹기도 하고 찜이나 굳힘 요리를 할 때 갈아 넣으면 부드러워지고 응고시키는 작용을 한다.

- **스이젠지 노리(水前寺 海苔)** : 일본 시즈오카현(靜岡縣)에 있는 水前寺(地名)라는 절에서만 생산되는 김 종류로 말려서 종이처럼 얇은 것이지만 식초물에 담가놓으면 몇 배 두께로 불어난다. 사시미 곁에 놓아주기도 하고 식초 무침에 곁들여서 사용한다.

- **도사카노리(とさかのり)** : 닭벼슬처럼 생긴 해초를 말한다. 색깔은 백, 청, 적색이 있으며 소금에 절여져 있어 물에 담가 소금기를 빼서 사용한다. 사시미에 곁들이며 초무침에도 많이 사용한다.

- **모즈쿠(水雲)** : 실처럼 가는 해초류로 돌과 지저분한 것을 골라 끓는 물에 살짝 데쳐 내어 아마스를 조금 넣어 마실 수 있도록 조리한다.

- **히지키(ひじき)** : 해초로 대개 건조된 것을 많이 사용한다. 색깔은 검은 색이다. 찬물에 넣어 소금기를 빼내어 무침요리나 조림요리에 많이 사용한다. 사용할 때에는 다른 채소와 곁들여 사용하면 좋다.

- **곤부(昆布)** : 다시마를 말한다. 겉 표면에 하얀 가루가 많이 붙어 있는 것이 좋고 두꺼운 것이 좋다. 젖은 행주로 닦아 모래나 불순물을 털어 내고 사용한다. 국물을 우려낼 때 사용하고 남은 것은 졸여서 먹어도 좋다.

흰다시마(白板昆布) 사용법

미림 180cc, 식초 180cc, 설탕 100g을 합한 곳에 다시마를 넣고 한번 끓여 식힌 다음 꺼내 고등어 상자초밥 만들 때 고등어 위에 얹어 낸다.

• **죠지나스(丁字茄子)** : 가지의 꽃봉오리가 맺을 때 꽃을 따서 절인 것으로, 약간 빨간 색소를 넣어 초에 절여 만든 것이다. 흰 무침요리에 올려준다.

• **미쓰바(三ノ葉)** : 미나리과에 속하며 잎이 세 개 달린 미나리처럼 생긴 것으로 응달에서 연하게 키운다. 향기가 진하고 살짝 데쳐 무쳐 먹거나 국물요리에 한두 잎 띄워 낸다.

• **준사이(順才)** : 준사이는 수련과에 딸린 다년생초로 연못 깊은 곳에서 자생하는데, 잎은 타원형이며 물 위에 뜬다. 순 전체 부위에 수정과 같이 맑고 미끈한 액으로 둘러싸여 있다. 여름에는 암자색의 작은 꽃이 피고, 어린 잎을 따서 끓는 물에 데쳐 먹는다.

• **오오바(大葉)** : 들깻잎처럼 생겼으나 우리나라 들깻잎과는 맛과 향이 전혀 다르다. 향기가 매우 진하며 시소마키를 할 때 많이 사용한다. 두드려서 사용하면 향기가 강해진다. 종류는 적색과 청색 두 가지가 있다.

• **하나묘가(菜名荷)** : 생강순을 연하게 재배한 것으로 생강의 냄새는 강하지 않지만 날것으로 먹을 수 있도록 응달에서 연하게 키운다. 생선회를 먹을 때 곁들여 먹을 수 있도록 가늘게 채를 썰어 사용한다.

• **나노하나(菜の花)** : 유채꽃으로 이른 봄 노란 꽃이 피어나기 전에 잎사귀와 같이 잘라 살짝 데쳐 무침요리에 사용한다.

• **유리네(百合根)** : 식용 백합 뿌리로 쪄서 가는 체에 내려 사용하거나 삶아서 간을 하여 그대로 먹는다.

• **하나산쇼(花山椒)** : 산초꽃을 절여 놓은 것으로 꽃이 피기 전에 꽃봉우리를 따서 살짝 데쳐 살균하여 밀봉해 놓은 것이다.

• **고나산쇼(粉山椒)** : 산초가루. 완전히 익은 산초 열매를 말려 가루로 만든 것이다. 된장국이나 장어구이에 뿌려준다.

• **오카시오츠케(櫻花鹽漬)** : 벚꽃을 소금에 절여 놓은 것으로 스이모노 국물이나 오차에 띄워주기도 한다. 사용할 때는 물에 조심스럽게 씻어 소금기를 뺀 후 사용한다.

- **고야도후(高野豆腐)** : 두부를 얼린 다음 건조시킨 것으로 미지근한 물에 담가 두면 스폰지처럼 탄력이 생긴다. 이것을 여러 번 주물러 씻은 다음 니모노 등에 사용한다.

- **해삼 내장 젓갈 사용법** : 해삼 내장 젓갈은 시커먼 것(모래나 흙이 들어 있음)을 젓가락으로 가려낸 다음 도마위에 올려 놓고 칼로 다진 후 알코올을 뺀 술을 식혀 해삼 내장 젓갈에 조금씩 넣어가며 짠맛이 약간 날 때까지 섞은 다음 사용한다.

- **가쓰오 내장 젓갈 사용법 · 슈도(酒盜)** : 슈도는 물에 살짝 씻어 염분을 어느 정도 빼서 술 1, 가쓰오부시 국물 1의 비율로 섞은 국물에 슈도를 넣고 끓여 가는 체에 내린 다음 생선이나 오징어를 잘게 썰어 무쳐 사용한다.

◑ 우니 소스
· 재 료 : 가쓰오부시 국물 180cc, 찐우니(400g), 우유 180cc, 우니젓갈(네리우니) 1스푼(15g)
· 만들기 : ① 스리바찌에 찐우니와 네리우니를 넣고 간다.
② ①에 우유와 가쓰오 국물을 조금씩 넣어가며 간다.
③ ②를 냄비에 넣고 나무주걱으로 저어가며 끓여 가는 체에 내린다.
☞ 사용법 : 생선을 구워 위에 얹고 살짝 한 번 더 구워낸다.

◑ 달걀 노른자 버터 만들기 · 기미빠다(黃味ペタ)
· 재 료 : 달걀 노른자 8개, 달걀 2개, 버터 70g, 소금 조금
· 만들기 : 냄비에 버터를 넣고 약한 불에 올려 녹여 달걀을 잘 풀어 넣고 소금으로 간을 맞추어 약한 불에 약간만 익혀, 가는 체에 내려 사용한다.
☞ 사용법 : 채소류를 데쳐 위에 뿌려준다.

◐ 산초잎 된장 · 기노메 미소(木の芽 味噌)

· 재 료 : 가쓰오부시 국물 160cc, 술 320cc, 미림 800cc, 달걀 노른자
　　　　8개, 설탕 20g, 된장 2kg, 산초잎 50g

· 만들기 : ① 가쓰오 국물, 술에 설탕을 녹여 미림을 넣은 다음 된장을 푼다.

② ①을 약한 불에 올려 나무주걱으로 저어가며 약 20분간 졸인다.

③ 어느 정도 수분이 없어지면 불에서 내려 약간 식혀 달걀
　　노른자를 1개씩 넣어가며 골고루 섞는다.

④ 가는 체에 얇은 가제를 깔고 내린다.

⑤ 산초잎을 쓰리바찌에 갈아 ④에 골고루 섞는다.

⑥ 아오요세를 ⑤에 섞어 색깔을 낸다.

☞사용법 : 두부를 노릇노릇하게 구워 그 위에 기노메 미소를 올려
　　　　약간 더 구워낸다.

◐ 아오요세(青寄世)

· 재 료 : 시금치 잎사귀 20잎, 물 1,800ℓ, 소금 5g

· 만들기 : ① 시금치 잎사귀를 손으로 뜯어 물과 함께 믹서에 넣고 소
　　　　금을 조금 넣고 간다.

② ①을 냄비에 넣고 약한 불로 하여 끓기 직전에 불 조절을
　　더욱 약하게 한다.

③ ②가 끓으면 거품은 걷어내고 파랗게 떠오르는 것만 걷어
　　가제에 싼 채로 얼음물에 담가 색깔을 살린 다음 물기를
　　꼭 짠다.

• 모로미소(もろ味噌) 된장의 일종으로 밀알과 콩, 된장으로 만든 것이
　다. 생채소를 찍어 먹는다.

• 차소바(茶そば) 메밀국수를 만들 때 말차를 넣어 만든 것이다.

• 낫도(納豆) 콩나물 콩을 삶아 청국장처럼 띄워 놓은 것으로 잘게 다져
　실파, 간장, 와사비 등을 곁들여 따뜻한 밥에 비벼먹는다.

• **덴가쿠미소(田樂味噌)** 적된장에 가쓰오 국물, 설탕, 미림 등을 넣어 볶아 만든다.

4) 수입 식품

(1) **梅赤肉(우매니꾸아까)** : 우매보시쩸으로 완숙된 우매보시의 씨를 제거하고 살만 골라 우라 고시(체에 거름)한 것.

(2) **梅干し(우매보시)** : 살구절임으로 우매보시는 풋살구로 만든 파란 것과 완숙된 살구를 빨간 깻잎과 함께 초에 절인 두 가지가 있음.

(3) **花山椒(하나산쇼)** : 산초꽃절임으로 산초의 꽃이 피기 직전 꽃봉우리를 따서 가공한 것.

(4) **桜葉漬(사꾸라 합바스께)** : 벗나무잎절임으로 벗나무 잎을 데쳐서 소금에 염장 가공한 것.

(5) **有馬山椒(아리마산쇼)** : 산초씨절임으로 산초 열매를 간장으로 조미하여 절인 것.

(6) **標簞(효당)** : 어린 박고지절임으로 '효당'은 바가지를 만드는 쪽박 종류인데 열매를 맺어 손가락 크기만큼 자랐을 때 소금에 절여 가공한 것.

(7) **丁子茄子(죠지나스)** : 가지 꽃 초절임으로 가지의 꽃이 피기 전에 꽃봉오리를 따서 절인 것.(식용색소를 약간 넣어 초절임 한다.)

(8) **とさかのり(도사까노리)** : 해초의 일종으로 모양새가 닭벼슬(도사까)같다 하여 도사까노리라 함.

(9) **絲家喜(이도가끼)** : 실가쓰오부시로 가다랑어포를 실처럼 가늘게 가공한 것.

(10) **粉かつお(고나가쓰오)** : 가다랑어포 가루로서 가다랑어포를 고운 가루로 만든 것.

(11) **七味唐辛子(시찌미도우가라시)** : 칠미 고춧가루로서 고춧가루, 풋고추가루, 삼씨, 파래김가루, 흰깨, 검정깨, 산초가루 등 7가지를 혼합하여 만든 것.

(12) **微塵粉(미징꼬)** : 쌀가루튀김. 쌀가루로 만든 것으로 양식의 빵가루와 같다. 분홍, 노랑, 파랑 등.

(13) **葛粉(구즈꼬)** : 칡 녹말로 산에서 나는 칡에서 뽑아낸 고급 녹말.

(14) **醬油(쇼유)** : 진간장(濃口醬油 : 고이구찌쇼유), 국간장(淡口醬油 : 우수구찌쇼유), 다마리간장(たまり醬油 : 다마리쇼유)

(15) **味噌(미소)** : 흰된장(白味噌 : 시로미소), 적된장(赤味噌 : 아까미소)

(16) **もろ味噌(모로미소)** : 밀로 빚은 된장으로 생채소 된장으로 사용.

(17) **いくら(이쿠라)** : 연어알을 가공하여 포장된 것을 수입함.

(18) **酒盜(슈또)** : 가다랑어의 내장으로 만든 젓갈.

(19) **魚而(우루카)** : 은어의 알이나 내장으로 만든 젓갈.

(20) **茶そば(차소바)** : 차모밀로 메밀국수를 만들 때 녹차가루를 넣어 만든 것.(건조된 것을 수입.)

(21) **本まくろ(혼마구로)** : 참치 중에 가장 고급 참치로, 살은 붉고 윤기가 나며 배 쪽 부위(도로)는 지방질이 많아서 구수한 맛이 남.

(22) **味淋(미림)** : 단 술로 소주에다 찐 찹쌀과 쌀누룩을 가해 만든다.

(23) **滑子(나메꼬)** : 버섯의 일종인 다색의 버섯으로 미끈미끈함. 통조림으로 가공된 것을 수입.

(24) **粉わさび(고나와사비)** : 가루와사비로 고추냉이 무의 뿌리를 가공한 것.

(25) **あたりこま(아다리고마)** : 깨의 껍질을 제거하고 곱게 갈아서 죽처럼 걸쭉하게 만든 것.

5. 조리방법에 따른 분류

(1) 나마모노(生物 ; 날것 특히 생선류) : 사시미(刺身), 쯔쿠리(造里)

(2) 아에모노(和物 ; 무침)

　① 스노모노(酢の物 ; 초무침)

　② 아에모노(和物 ; 무침)

　③ 히다시모노(浸物 ; 나물)

(3) 시루모노(汁物국 ; 맑은 국) : 스마시지루(맑은 국), 탁한 국(니고리지루)

(4) 니모노(煮物 ; 조림) : 끓이거나 찜 요리의 총칭

(5) 야키모노(燒物 ; 구이)

　① 직접구이

　・시오야키(鹽燒 ; 소금구이), 데리야끼(照燒), 미소야키(味噲燒)

　・스가다야키(姿燒 ; 통구이)

　・키리미야키(切身燒 ; 토막구이)

　② 간접구이

　・철판구이(대판야키), 오븐구이, 쪄굽기

(6) 아게모노(揚物 ; 튀김)

　① 카라아게(空揚 ; 막튀김)

　② 코로모아게(衣物け ; 옷튀김)

　③ 스아게(素揚げ ; 그냥튀김)

(7) 무시모노(蒸物 ; 찜) : 챠완무시(茶碗蒸レ ; 달걀찜)

(8) 나베모노(鍋物) : 냄비요리

　・후구나베(河豚鍋) : 복어 맑은 국

　・타이지리(たいちり) : 도미 맑은 국

　・샤브샤브(しゃぶしゃぶ)

　・스끼야끼(鋤燒)

　・요세나베(寄せ鍋) : 모듬 냄비

(9) 멘(麵)

　・우동(うどん)

　・소바(そば)

(10) 돔부리(どんぶり) : 덮밥

· 오야코돔(親子どん) : 닭고기덮밥

· 텐돔(天どん) : 튀김덮밥

· 규돔(牛どん) : 쇠고기덮밥

· 우나돔(鰻どん) : 장어덮밥

(11) 고항(御飯) : 밥

(12) 오차쯔케(お茶漬け) : 밥에 오차를 부어 말아 먹는다.

(13) 스시(壽司, すし) : 초밥

· 노리마끼즈시(김초밥)

· 니기리즈시(생선초밥)

· 하코즈시(상자초밥)

(14) 쯔케모노(漬物) : 절임류

· 우매보시(梅干し)

· 나라즈케(奈良漬け)

· 타쿠앙즈케(澤庵漬)

6. 일본 조리 용어

아(あ)

· **아이오이무스비(相生結び)** : 잡아매는 끝을 그대로 바로 연결한 것. 선물을 매는 방법으로 이형을 얇은 것으로 한 무, 당근 등을 짝지어 홍백으로 만든다. 축사에는 홍백, 조사에는 흑백으로 곁들인다.

· **아에고로모(あえ衣)** : 채소, 어패, 육류 등을 양념하여 무치는 조미료를 아에고로모라고 한다.

· **아오이(靑い)** : 청색

- **아오요세(靑寄せ)** : 시금치와 무의 푸른 잎을 쪄서 절구에 넣어 갈면서 물을 가하여 잘 혼합한다. 체에 걸러 푸른 물을 받는다. 이 푸른 물을 살짝 끓여서 부드러운 천으로 거른다. 이 천 위에 남는 것이 아오요세이다. 관동(關東)지방에서는 요세나(寄せ菜)라고도 일컫는다. 색을 내는 데 사용하며 다른 재료에 혼합하여 이용한다.

- **아오루(煽る)** : 뜨거운 열탕에 살짝 데치거나 가볍게 삶는다. 채소 등의 쓴맛을 제거하기 위해 더운물에 살짝 데친다. 생선묵 등과 같은 찰기가 있는 것을 만들 경우 재료를 잘 혼합하는 것을 아시오다스(足を出す)라고도 일컫는다.

- **아카이(赤い)** : 빨간색

- **아게루(揚ける)** : 튀기다

- **아사이(淺い)** : 얕다

- **아시라이(あしらい)** : 곁들이고 배합하는 것을 말하며, 이것을 소에(添え)라고도 일컬으며, 곁들여서 모양을 내는 것의 의미인 아헤시라부(あへしらぶ)라는 언어에서 파생되어 온 말이다.

- **아다다메루(溫める)** : 데우다

- **아다라시이(新しい)** : 새롭다

- **아따리(あたり)** : 맛조절의 의미. 맛을 보는 것을 아따리오미루(あたり見る)라고도 일컫는다.

  감치는 맛의 맛조절은 아따리가야와라까이(あたりがやわらかい)라고도 일컫는다.

- **아따루(あたる)** : 아따루(あたる)라는 언어는 여러 가지 의미에 사용된다.
  ① 참깨 등을 가는 것. 잘게 으깬 참깨를 아다리고마(あたり胡麻)라고 일컫는다.
  ② 접촉된 부분을 제거하는 의미. 생선의 잔뼈를 제거하는 것을 호네오 아따루(骨をあたる)라고 한다.

- **아부라누끼(油拔き)** : 튀긴 재료에 뜨거운 열탕을 끼얹었거나, 가볍게 삶거나 데쳐서 기름을 제거하는 방법을 말한다.

· **아꾸(灰汁)** : 주로 채소류가 지니고 있는 떫은맛, 쓴맛, 씁쓸한 맛 등으로, 먹었을 때의 좋지 않은 맛이나 향기 등을 전부 일컫는다.

양잿물(하이아꾸 : はいあく)같은 것을 아꾸(灰汁)라고도 일컫는다. 이것은 잿물을 빼는 데 사용하는 재료이다.

· **아꾸누끼(灰汁拔き)** : 재료가 지니고 있는 잿물(灰汁)을 물에 씻든지 살짝 데치든지 하여 제거하는 작업이다.

· **아꾸도메(灰汁止め)** : 식물이 지니고 있는 잿물을 요리의 맛과 색채를 손질하지 않게 하기 위해 사전에 멈추게 하는 일이다.

내용적으로는 아꾸누끼(灰汁拔き)와 그리 다르지 않다.

· **아시가데루(足が出る)** : 식물 재료가 지니고 있는 점착력을 아시(足)라고 한다. 찰기가 나오는 상태를 아시가데루(足が出る)라고 한다.

즉, 다시 말하면 가마보꼬(蒲鉾=생선의 살을 으깨어 조미료를 섞어 쪄서 만든 식품)

· **아지쓰께스루(味つけする)** : 맛을 들이다

· **아마이(甘い)** : 달다

· **아마지오(淡塩·甘塩)** : 생선 또는 육고기 등을 엷게 소금을 어금게 하는 작업. 아마시(淡し)는 소금기가 엷은 의미로서 우스지오(淡塩)라고 일컫는다.

· **아미가사(編笠)** : 원형의 재료를 삿갓(編笠 아미가사)형에 의해 만든 것, 둥글고 긴 것, 고리모양이나 원형으로 만든 것을 둘로 나눈 것을 말한다. 즉 예를 들면 삿갓유자(編笠柚子)가 있다.

· **아미야키스루(綱燒きする)** : 석쇠에 올려서 굽다.

· **아라(あら)** : 생선살, 내장을 제거한 머리, 뼈, 지느러미 등을 일컫는다.

· **아라이즈(洗い酢)** : 초무침의 사전조리로서, 재료를 가볍게 풀을 죽이거나 가볍게 맛을 들이는 데 사용하는 식초를 일컫는다. 스데즈(捨て酢) 또는 시따즈(下酢)라고도 일컫는다.

· **아라이(洗い)** : ① 생선의 저민 살을 찬물이나 얼음으로 씻어서 꼬들꼬들하게 한 회이다. ② 씻는다

· **아와오사루구(泡をさる)** : 거품을 건지다

이(い)

- **이끼나료리(粹な料理)** : 에도(江戸) 후기의 서민층이 이상으로 한 생활 이념으로, 세련된 매력과 생기를 품고 섬세하고 담백한 아름다움(美)을 말한 것에 의해 유래된 요리이다.

- **이께지메(生けじめ)** : 생선의 목 부분에 칼을 넣어, 뼈를 잘라 피(血)빼기를 한 신선한 상태, 즉 이것을 이께노죠다이(いけの状態)라고 일컫는다. 비교적 오래 보관할 수 있게 한 상태의 생선을 가리킨다.

  일반적으로 이께지메(いけじめ)는 노지메(野じめ : 자연적)로 죽은 것보다 고가이다.

- **이소베(磯辺)** : 김(海苔)을 사용한 요리. 예를 들면 재료에 해태를 말든지 첨가하여 만든 이소베야끼(磯辺焼き)와 이소베아게(磯辺揚げ), 기름에 튀긴 요리를 말한다. 또 해태를 잘게 썰어 다른 조미료와 혼합하여 아에고로모(あえ衣) 재료에 옷을 입혔다는 의미로 이것을 이소베아에(磯辺あえ)라고도 일컫는다.

- **이소모노(磯物)** : 바다 또는 호수 등 물가의 돌, 바위 등에서 잡히는 어패류의 총칭. 즉 소라, 전복 등의 패류, 돔, 농어, 꼬치고기 등의 생선류를 말한다.

- **이다즈리(板ずり)** : 재료의 사전준비의 한 방법으로 도마 위에서 하는 방법. 오이, 머위 등의 채소에 소금을 묻혀 표면을 문지르는 것을 말함. 또 으깬 생선살을 마무리작업으로서 도마 위에서 칼 옆 부분으로 반죽하여 혼합하는 것도 일컫는다.

- **이도가께(系かけ)** : 어류, 육류의 으깬 살과 토란 등 체에 거른 재료를 실을 걸친 것처럼 보이게 한 작업을 말한다.

  길쭉한 대롱이나 생크림 등을 짜는 데 사용하는 주머니(しぼり 시보리)를 사용하면 더욱 좋다.

  예를 들면 강낭콩이나 고구마 등을 설탕과 함께 삶아 으깨어 밤같은 것을 섞어 국수처럼 길게 쭉 뽑은 것을 일본 요리 용어로 이도가께긴똔(系かけきんとん)이라고 한다.

· **이꼬미**(鑄入み, 射込み) : 재료 속에 다른 재료를 넣는 것을 말한다. 오이, 호박, 무 등의 채소류의 중간을 파내어, 다른 재료를 채워 넣는 작업을 말한다.

· **이끼스쿠리**(生き作り) : 도미, 광어 등을 머리를 자르지 않고 통사시미 하는 방법.

· **이부시**(燻し) : 짚, 솔잎, 삼나무 등을 불을 피워 연기를 내어 재료를 그을리는 것으로 독특한 풍미를 낸다. 보존도 잘 된다. 예를 들면, 오징어 솔잎구이가 있다.

· **이로아게**(いそあげ) : 색이 고운 채소를 색깔 좋게 삶거나, 끓이거나, 튀기는 것을 말함. 재료에 윤기나 광택을 내는 것을 일컫는다.

· **이로다시**(色出し) : 오이, 상추 등 채소가 지니고 있는 색을 보다 더 곱게 하기 위해 뜨거운 열탕에 살짝 데치는 작업을 일컫는다.

· **인로우**(印籠) : 재료를 마무리한 형태가 옛날 무사가 허리에 차고 다니던 조그마한 상자나 통처럼 생겼다는 말에서 유래되었다. 재료에 속을 채운 요리의 명칭에도 사용된다.

우(う)

· **우오지마**(魚島) : 늦봄의 계절을 가리킴. 이 계절에는 돔이 산란을 하기 위해 무리를 지어 찾아온다. 그 찾아오는 무리들의 상태가 섬(島)과 같이 보인 점에서 이 말이 유래되었다고 한다. 일본 내에서도 주로 세또나이까이(瀨戶內海) 지방에서 많이 일어나는 현상이며 이 지방에서 이렇게 불려지고 있다.

· **우까시**(浮し) : 스이모노(吸い物_채소, 생선 따위를 넣고 끓인 맑은 장)국에 띄워, 색과 향을 곁들이는 것을 말한다.

· **완쯔마**(椀づま) : 쑥갓 등의 독특한 향을 가진 것도 포함되어 있다.

· **우스지오**(薄塩) : 소금을 엷게 조금만 뿌리는 것을 말한다. 소금간이 엷은 것을 말한다.

· **우쯔(打つ)** : 채소류를 엷게 또는 가늘게 자르는 것. 예를 들면 센기리(千切り), 가늘게 채를 치는 것을 센니우쯔(せんに打ち)라고도 일컫는다.

　　재료에 녹말가루를 묻히는 경우에도 구즈우찌(くず打ち) 또는 요시노우찌(吉野打ち)라고도 일컫는다.

　　재료에 꼬챙이(串 꾸시)를 꿰는 것도 꾸시우찌(串打ち)라고도 한다. 우동, 메밀을 면봉(麵棒)으로 밀어서 만드는 작업도 우쯔(打つ)라고 함. 다시 말하면 기계를 사용하지 않기 때문에 데우찌우동(手打ちうどん), 데우찌소바(手打ちそば)라고 일컫는다.

· **우라고시(裏漉し)** : 재료를 거르는 기구. 게고시(手漉し), 누노고시(絹漉し), 가네고시(金漉し) 등 세 종류가 있으며 재료를 잘게(精蜜)거르기 위하여 사용되는 도구이다.

에(お)

· **에라누끼 또는 쯔보누끼(えら拔き, つぼ拔き)** : 생선의 배 부분에 칼집을 넣지 않고 내장을 끄집어내는 방법을 말한다.

· **엔가와(綠側)** : 넙치 또는 광어, 가자미의 지느러미, 전복의 테두리, 오징어 동체의 양단에 있는 미미(みみ), 가장자리를 일컫는다. 이러한 것들을 일본요리 용어에서는 엔가와(綠側) 또는 엔삐라(えんぺら)라고도 일컫는다.

· **엔조우(塩藏)** : 식품을 소금에 절여서 저장하는 일. 엔조우(塩藏)에는 직접 소금을 하여 김칫돌로 누르는 후리지오(振り塩)법과 농도가 짙은 염분수에 재우는 다떼지오(立塩)법이 있다.

오(お)

· **오아기꾸시(扇串)** : 꼬챙이 꿰는 일종으로 3~4개의 꼬챙이를 부채꼴모양으로 펴서 꿰. 이것을 다른 용어로 스에히로우찌(末廣打ち)라고도 일컫는다.

· **오오키이(大きい)** : 크다

· **오까아게(おか上げ)** : 삶거나 끓여서 재료를 액체에서 건져올린 상태를 말한다.

· **오자즈끼(お座付)** : 좌석에 앉으면 즉시 서비스되는 요리를 말한다.

· **오도오시(お通し)** : 요리집에서 최초로 나오는 간단한 요리이다.

· **오또시가라시(落としがらし)** : 곱게 간 고추를 묽게 하여 미소완(みそ椀), 즉 된장국이나 가볍게 마시는 국의 일종에 떨어뜨리거나 곁들이는 것을 말한다.

· **오또시쇼우가(落とし生姜)** : 맑은 국이나 초무침 등에 곁들이거나 떨어드리는 것으로 생강즙을 일컫는다.

· **오또시부따(落とし蓋)** : 냄비보다 조금 작은 뚜껑을 일컬음. 끓이는 재료 등에 직접 얹어서 뚜껑의 표면이 닿게 하여 사용되는 것으로 오또시부따는 목재가 일반적이지만 끓이거나, 삶는 재료에 의하여 종이뚜껑(紙蓋 가미부따)또는 헝겊뚜껑(布蓋 누노부따)으로 사용되는 경우도 있다.

· **오도리꾸시(踊り串)** : 돔, 은어 등의 생선의 모습구이(姿燒き 스가다야끼)를 할 때 사용되는 꼬챙이 꿰는 방법의 하나이다.

· **오하라기(大原木)** : 가늘게 채 친 재료를 장작이나 땔감의 나무와 같이 겹쳐서 다발로 묶은 것처럼 한 요리에 붙은 명칭을 일컫는다.

· **오로스(おろす)** : 생선이나 닭의 동체와 뼈를 분리하는 과정을 오로스라고 일컫는다. 무, 생강 등을 강판에 가는 것도 오로스라고 일컫는다.

가(か)

· **가이시끼(搔敷, 改敷, 皆敷)** : 식물이나 요리 밑에 까는 나뭇잎이나 종이를 일컫는다.

· **가끼미(搔身)** : 생선의 살을 가볍게 두드려 칼로 도려내듯이 비스듬히 깎아 자르는 것을 일컬음. 또 돔, 광어와 같이 중간뼈에 붙은 살점을 깎아내듯 자르는 과정을 가끼미라고도 일컫는다.

· **가꾸시아지(隠し味)** : 조미료를 아주 적게 사용하는 것. 요리의 맛을 더욱

돋우기 위하여 취하는 방법이다. 또, 사전에 맛이 재료에 배어들게 하기 위한 작업과정도 일컫는다.

· **가꾸시바라(隱し腹)** : 생선을 모습구이 또는 통구이를 할 때, 마무리를 깨끗하게 하기 위해(생선이 깨끗한 모습으로 구워지게 하기 위해) 용기에 장식했을 때 뒤쪽 부분이 되는 쪽에 칼집을 넣어서 내장을 끄집어내는 작업을 가꾸시바라(隱し腹)또는 가꾸시보쬬(隱し包丁)라고 일컫는다.

· **가자리지오(飾り塩)** : 어패류를 통구이할 때 사용하는 방법으로 어패류가 깨끗하고 정갈있게 구워지게 하기 위하여 지느러미, 꼬리 등에 두껍게 묻혀서 사용하는 소금을 가자리지오(飾り塩) 또는 게쇼우지오(化粧塩)라고 일컫는다.

· **가스도꼬(かす床)** : 생선이나 채소를 지게미에 절일 때 사용하는 통을 말한다. 술지게미, 소금, 설탕을 잘 섞어 혼합한 것을 일컫는다.

· **갓쇼구(褐色)** : 갈색

· **가미지오(紙塩)** : 어류, 육류 등에 일본 고유의 제조법으로 만든 종이(와시=和紙)를 통하여 소금맛이 부드럽게 재료에 배어들게 하는 방법이다.

· **가미부따(紙蓋)** : 파라핀(초, 성냥, 방수천 등의 원료로 사용되는 하얀 물질로, 즉 석초를 일컫는다.), 셀로판 종이(섬유소로 만든 엷고 투명한 종이 모양의 것), 장식재료, 포장지를 일컫는다.

와시(和紙) 등으로 끓이는 재료의 위에 직접 얹어 덮어서 뚜껑으로 사용하는 것을 가미부따라고 일컫는다.

· **가와시모(皮霜)** : 껍질에 독특한 향이나 산뜻하고 개운한 맛을 지닌 생선을 껍질째 그대로 회(刺身 사시미)를 할 경우에 사용하는 방법으로 이때의 작업을 가와쯔꾸리(皮作り)라고 일컬으며, 껍질 부분에만 열이 닿게 하는 것을 가와시모(皮霜) 또는 가와쯔꾸리(皮造り)라고 한다.

· **가와오무구(皮を剝く)** : 껍질을 벗기다

· **간세끼니도루(岩石にとる)** : 어육, 닭고기의 으깬 살 등을 암석의 형태로 합친 것을 간세끼니도루(岩石にとる)라고 일컫는다.

· **간논비라끼(觀音開き)** : 살이 두꺼운 생선의 자른 살 등에 사용되며, 중앙

에서 좌우에 칼집을 넣어 생선의 살을 펼치는 작업을 일컫는다.

· **가라이(からい)** : 맵다
· **간로(甘露)** : 꿀의 의미. 설탕, 물엿 등을 사용한 요리에 불리워지는 용어.
   예를 들면 잉어설탕조림(鯉の甘露煮 고이노간로니), 밤 물엿조림(栗の
   甘露煮 구리노간로니)등을 일컫는다.

기(き)

· **기(生)** : 다른 재료 또는 다른 식물과 혼합하지 않은 재료의 의미이다.
· **기이로이(黃色い)** : 노란색
· **기사무(きさむ)** : 잘게 썰다(채 썰다)
· **기지(生地)** : 조리 중 끝맺음이 되어 있지 않은 요리. 주로 으깬 살, 우동
   의 밀가루 반죽, 갈분에 설탕을 넣고 반죽하여 끓이지 않은 상태 등 모
   든 재료가 조리되지 않은 단계에 있는 것을 기지(生地)라고 일컫는다.
· **기도루(木どる)** : 재료를 적당한 형태나, 크기로 자르는 작업을 일컫는다.
· **기미가에시(黃身返し)** : 달걀의 노른자와 흰자를 바꾸어 넣는 조리수법
   의 일종이다.
· **기루(切る)** : 자르다

구(く)

· **구이아지(食い味)** : 조리가 완성된 요리의 맛을 일컫는다.
· **꾸시우찌(串打ち)** : 구이 등을 할 때 형태 좋게, 맛 좋게 굽기 위해 재료에
   쇠꼬챙이와 대나무꼬챙이를 찔러 넣는 작업. 꼬챙이를 꿰는 방법은 재
   료의 종류, 크기, 조리법에 의해 달라진다.
· **꾸시사시(串刺し)** : 꼬챙이에 펜 요리를 말한다.
· **구즈요세(葛寄せ)** : 갈분을 사용하여 엉겨붙게 한 요리, 즉 요세모노(寄
   せ物)를 구즈요세료리(葛寄せ料理)라고 일컫는다.

게(け)

- **게쇼우지오(化粧塩)** : 어패류를 통 구이할 경우에 지느러미, 꼬리 등에 두껍게 묻혀서 사용하는 소금을 가자리지오(飾り塩)또는 게쇼우지오(化粧塩)라고 일컫는다.

- **게쇼우데리(化粧照り)** : 생선의 소금구이 등 구이의 끝맺음에서 광택이 나게 하기 위하여 완전히 굽혀지기 직전에 미림(味淋＝소주, 찐 찹쌀, 효모 등을 섞어 양조하여 찌꺼기를 짜낸 술로 달콤하며 보통 요리할 때 조미료로 사용)을 붓으로 기지(生地)에 바르는 작업을 일컫는다.

- **게소(下足)** : 초밥집(壽司屋 스시야)의 은어(隱語)로서 오징어의 발을 일컫는다.

- **게야끼(手燒き)** : 닭류의 사전처리를 행하는 사용법으로서 닭 날개 등 동체에 있는 털을 뽑아 내고 난 뒤, 여분의 잔털을 불에 그슬려 태워서 없애는 작업을 일컫는다.

- **겐찡(卷煎, 卷纖)** : 두부를 주로 하며, 당근, 죽순, 버섯, 우엉 등을 기름으로 처리한 요리에 붙여지는 명칭이다. 중국으로부터 유학승(留學僧)에 의해 전달되었다.

고(こ)

- **고우라가에시(甲羅返し)** : 게의 살을 발라내어 조미하여, 재차 게의 껍데기에 넣는 작업을 일컫는다.

- **고꾸시(小串)** : 생선의 작은 토막 등의 살을 꼬챙이에 꿰는 작업 또는 꼬챙이에 꿰어 조리한 것도 일컫는다.

- **고수(こす)** : 거르다

- **고모찌(子待ち)** : 생선 배 속에 알을 가지고 있는 생선의 모습에 비유해 만든 요리에 붙여진 용어이다. 알을 배 속에 품고 있는 생선을 일컫기도 한다.

- **고로스(ころす)** : 재료에 소금, 식초로 숨을 죽여서 여분의 수분과 냄새를

제거하는 작업이다.

· **고로모(衣)** : 튀김으로서는 밀가루, 녹말가루 등을 물과 달걀에 푼 것으로 튀김옷을 말한다. 무침으로서는 무쳐지는 재료에 의한 무침의 재료, 아에고로모(會衣) 입힘 가루 또는 입힘 재료를 일컫는다.

사(さ)

· **사까시오(酒塩)** : 삶은 재료에 사용되는 소금과 술을 혼합한 조미료, 또는 그냥 술의 의미이다.

· **사까나(肴)** : 술안주가 되는 요리이다.

· **사끼쯔께(先付け)** : 술과 함께 먼저 나오는 소량의 요리이다.

· **사꾸도루(作取る)** : 생선을 3등분으로 포를 뜨고, 회(刺身 사시미), 토막(切身 기리미)으로 할 때 적당한 형태로 자르는 것을 일컫는다.

· **사시가쯔오 또는 오이가쯔오(さしかつお, おいかつお)** : 가다랑어의 맛을 증가시키고 싶을 때 가다랑어 국물에 조미료를 첨가하여 끓이는 것을 말하며, 이 때의 가다랑어는 거즈(gaze) 등에 싸서 넣는다. 이러한 작업을 오이가쯔오라고도 일컫는다.

· **쟈쯔끼스이모노(座つき吸い物)** : 회석요리에서 최초로 나오는 맑은 국이다.

· **사로가기이다(砂糖がきいた)** : 설탕이 많이 들어 있다.

· **사비(さび)** : 고추냉이(山葵 와사비)를 의미하는 초밥집의 은어(隱語)이다.

· **사라사(更紗)** : 얼마간의 색의 조화가 좋은 재료에 맞춘 요리에 칭해지는 것을 말한다.

· **사라스(晒す, 曝す)** : 채소 등이 지니고 있는 양잿물을 제거하기 위해 물에 담그거나 흐르는 물에 처리하는 것을 말한다.

시(し)

· **시꼬미(仕込み)** : 재료를 사전에 처리 준비해 두는 것을 말한다.

- **시젠노(自然の)** : 자연의
- **시따아지(下味)** : 재료가 날 것인 경우 또는 요리로서 완성하기 전에 일 정한 맛을 첨가해 두는 것을 말한다.
- **시다시(仕出し)** : 자기 점포에서는 손님을 받지 아니하고 오로지 타의 접객업소나 일반가정의 주문에 의해서만 요리를 만들어 배달하는 일 을 말한다.
- **시따쯔게(下漬け)** : 장아찌 또는 김치, 채소를 소금이나 된장 따위에 절일 때 먼저 소금과 김칫돌의 움직임에 의해 재료에 함유되어 있는 여분의 수분을 제거하고 다음에 마무리 단계에 맛이 잘 배어들게 하기 위한 작 업을 말한다.
- **시따니(下煮)** : 마무리하기 전의 조리에 의해 재료에 맛을 첨가하기 위하 여 끓이는 것으로 예를 들면, 채소·생선 따위를 끓인 맑은 장국에 사전 에 끓여서 맛이 배게 해 두는 것을 말한다.
- **시따유데(下茹)** : 완성하기 전의 조리에 재료를 어느 정도 부드럽게 하여 색을 선명하게 하고, 양잿물을 제거하기 위해 가볍게 삶는 것을 말한다.
- **시부누끼(澁拔き)** : 삶거나 흐르는 물에 씻거나 또는 알코올을 첨가하든 지 하여 재료가 지니고 있는 떫은 맛을 제거하는 작업이다.
- **시메루(締める)** : 소금을 가하여 생선에 함유한 여분의 수분을 제거하여, 생선의 살을 단단하게 하는 작업, 또는 닭이나 생선을 죽이는 작업을 일 컫는다.
- **시모후리(霜降り)** : 재료를 살짝 열탕에 데쳐 표면에 서리가 내린 것처럼 하는 작업. 가열 직후에는 냉수에 씻는 경우가 많다. 생선이나 닭의 표면 에 미끈미끈한 액체나 냄새, 지방을 제거, 살을 단단하게 하는 효과가 있다.
- **쟈노메(蛇の目)** : 굵은 경(環)의 형태. 오이는 심을 파내고 끝 부분부터 고리모양으로 자르는 형태의 작업을 일컫는다.
- **쟈바라(蛇腹)** : 두께의 반 이상까지 비스듬히 잘게 칼집을 넣고 반대쪽 으로부터도 같은 방법으로 칼집을 넣는다. 이러한 칼집을 장식칼집(飾 り切り 가자리기리)이라 한다. 모양이 뱀의 배부분과 닮았다는 의미에

서 이러한 이름이 붙었다한다.

· **샤리(舍利)** : 초밥집(壽司屋 스시야)에서 초밥에 사용하는 밥을 의미. 초밥집의 은어(隱語)이다.

· **슛세오우(出世魚)** : 성장하는 과정에 따라 불리는 이름이 두 번 이상 변하는 생선을 일컫는다.

(1) 방어(鰤 부리)

① 관동(關東)지방 도꾜(東京)

　　　　㈀ 15cm 전후　　　　와까시(わかし)

　　　　㈁ 40cm 정도　　　　이나다(いなだ)

　　　　㈂ 60cm 전후　　　　와라사(わらさ)

　　　　㈃ 100cm 이상　　　　부　리(ぶり : 成魚)

② 관서(關西)지방 오사까(大阪)

　　　　㈀ 15~20cm 전후　　　쯔바스(つばす)

　　　　㈁ 30~40cm 정도　　　하마찌(はまち)

　　　　㈂ 50~60cm 전후　　　메지로(めじろ)

　　　　㈃ 80cm 이상　　　　부　리(ぶり : 成魚)

(2) 농어(鱸 스즈끼)

　　　　㈀ 10cm 전후　　　　곳　빠(こっぱ)

　　　　㈁ 15cm 내외　　　　세이꼬(せいこ)

　　　　㈂ 30cm 내외　　　　후쯔꼬(ふつこ)

　　　　㈃ 40cm 성어　　　　스즈끼(すずき)

· **순(旬)** : 생선, 채소 등의 먹는 시기. 양의 제철(旬)과 맛의 제철(旬)등이 있고, 일치하는 경우가 많으며, 값싸면서도 맛있고 영양적으로도 우수하다.

· **죠리스루(調理する)** : 조리하다

· **죠미(上身)** : 중간 뼈, 잔뼈, 배부분이 뼈 등을 전부 제거한 후 그대로 회(刺身 사시미) 또는 쯔꾸리(造り)가 되는 정미의 생선, 육류 등을 일컫는다.

· **쇼유아라이(醬油洗い)** : 사전처리의 방법의 하나로 재료에 간장을 조금 혼합하여 사전에 엷은 맛을 첨가하는 작업을 말한다.

스(す)

· **스아라이(酢洗い)** : 사전준비의 한 방법으로 재료에 식초를 살짝 가하거 나 살짝 혼합하여 살을 조이고, 단단하게 하여 맛이 배어들게 하는 작업 을 말한다.

· **스이(すい)** : 시큼하다

· **스이아지(吸い味)** : 마셔서 맛있다고 느끼며, 엷은 맛의 정도를 말한다.

· **스이구찌(吸い口)** : 맑은 국(장국)의 향이 되는 산초나뭇잎(木の芽 기노 메), 즉 산초나무의 싹에 간장이나 설탕 등을 섞어 생선, 채소와 함께 버무린 것. 또 유자 등도 같은 방법으로 곁들임에 사용된다.

· **스이지핫뽀(吸地八方)** : 맛국물(出し 다시)에 소금과 간장만으로 맛을 낸 요리. 주로 맑은 국에 사용하는 완다네(椀種)와 완쯔마(椀つき)의 사전에 맛을 곁들이는 것을 일컫는다.

· **스이지루(吸い汁)** : 맑은 국에 가미한 소금맛의 상태의 맑은 국. 이것을 스이다시(吸い出し)또는 완쯔유(椀つゆ) 스이지(吸い地)라고도 한다.

· **스에히로(末廣)** : 장식 칼집의 하나로서 부채가 펼쳐진 것처럼 칼집을 넣 는 작업을 일컫는다.

· **스끼도루(剝きとる)** : 칼을 눕혀서 엷게 져미는 것처럼 조작하여 자르는 방법을 말한다.

· **스기모리(杉盛り)** : 회(刺身 사시미), 무침(あえもの 아에모노)요리 등을 깊은 용기에 삼나무처럼 높게 상쾌한 모양으로 장식하는 방법을 일컫는다.

· **스지매(酢じめ)** : 재료를 소금에 절였다가 초에 절이는 방법.

· **스즈메비라끼(雀開き)** : 작은 붕어나 작은 돔을 머리 쪽부터 세비라끼 (背開き)하여 물고기를 등줄기에서 두 쪽으로 자르는 방법. 즉 참새와 같은 형태가 되므로 이와 같이 일컫는다.

· **스도루(酢どる)** : 초에 재워서 초의 맛이 배어들게 하는 작업. 초 생강(酢 どり生姜 스도리쇼우가) 등이 그 예이다.

· **스미도리(隅取り)** : 겹쳐서 재우는 방법의 하나로 사방의 구석에서부터 안쪽으로 재우는 방법이다.

· **스미레이로노(すみれいろの)** : 보라색의

· **스리쓰부스(すりつぷす)** : 잘게 으깨어 갈다

세(せ)

· **세미(背身)** : 생선 등쪽의 살. 세스지(背節)란 등쪽의 근육의 섬유를 잘라 낸 경우에 세미(背身)라고 한다.

· **세와다(背腸)** : 새우의 등에 있는 혈관과 같은 내장, 창자를 일컫는다.

· **세히라키(背開き)** : 머리를 붙인 그대로 생선의 등쪽에 칼을 넣어 오로시 하는 작업.

소(そ)

· **소에꾸시(添え串)** : 꼬챙이를 꿰어 구이를 할 경우 주로 꼬챙이의 보조로 서 꿰는 꼬챙이를 일컫는다.

· **소에쯔마(添え妻)** : 회(刺身 사시미)에 곁들이는 무의 채에 대한 메즈마 (芽づま)곁들임과 같이 보조적으로 장식되는 재료를 일컫는다.

· **소꼬지오(底塩)** : 장아찌, 김치, 채소를 소금이나 된장 따위에 절일 때 나무통에 뿌리는 소금을 일컫는다.

다(た)

· **다이노모노(台の物)** : 발판의 판자에 요리를 놓는 것이라는 의미로서, 접 시 등의 용기에 구찌도리(口取り), 여러 가지 안주 등을 한 용기에 곁들

여 내는 일본 요리의 이름. 이렇게 구찌도리(口取り)형식으로 요리를 곁들이는 형태가 많다.

· **다이다이노이로(たいたいのいろ)** : 오렌지색

· **다이비끼(台引き)** : 상 위에 곁들여 내는 술의 안주, 과자류 등을 일컫는다.

· **다이묘오로시(大名卸し)** : 중간 뼈에 꽤 많은 살점을 남겨두고 정미로 포를 뜨는 사치스런 수법. 연어 등과 같이 살점이 부스러지기 쉬운 생선 및 작은 생선에 많이 사용하는 방법이다.

· **다카이(高い)** : 높다

· **다시아라이(出し洗い)** : 재료를 멸치, 다시마 따위로 만든 맛국물(出し汁 다시지루)에 재워서 맛이 배어들게 하거나 여분의 수분을 제거함을 일컫는다.

· **다떼지(伊達地)** : 생선의 으깬 살과 달걀을 혼합하여 맛을 조미한 재료를 일컫는다.

· **다떼지오(立塩)** : 해수와 같이 짠 소금물에 생선, 패류의 사전처리 또는 사전에 엷은 소금 맛이 배어들게 하는 데 사용되는 방법을 말한다.

· **다네(種)** : 재료의 의미. 속어로 네다(ねた)라고도 일컫는다.

· **다마자께(玉酒)** : 물과 술을 혼합한 것. 이 국물은 재료를 재우거나 씻는 데 사용한다.

· **다레(垂れ)** : 조리할 때 사용하는 맛들인 국물. 즉 간장 맛에 미림, 설탕을 혼합하여 만든 양념. 생선이나 닭, 새 등을 끓여서 굽는 데 사용하는 혼합한 양념 간장의 의미이다. 미림(味淋)이란 소주, 찹쌀, 효모 등을 혼합하여 양조하여 찌꺼기를 짜낸 술. 달콤하며 일본 요리에서는 빼놓을 수 없는 조미료 중의 조미료이다.

찌(ち)

· **찌아이(血合い)** : 어류의 양쪽 면 중앙에 세로로 달리는 붉은 핏살(血身) 부분의 살을 일컬으며, 회를 할 때는 잘라내고 사용한다.

· **찌아이보네**(血合い骨) : 가다랑어, 방어 등 생선의 거무스름한 부분에 있
는 뼈를 일컫는다.

· **찌사이**(小さい) : 작다

· **찌누끼**(ちめき) : 물에 담가 피를 제거하는 방법. 내장 등에 강한 냄새를
제거, 또는 살아 있는 닭이나 생선을 잡을 때도 피가 흘러나오게 하여,
피를 제거하는 작업을 말한다.

· **찌라시모리**(散らし盛り) : 넙적한 용기에 재료를 꽃잎이 흩날리는 것처
럼 뿌려서 담는 방법이다. 후끼요세(吹き寄せ) 여러 가지 요리 또는 재
료를 하나로 한 것, 핫선(八寸), 전채요리 등으로 계절감각을 내는 데
사용하는 방법이다.

쯔(つ)

· **쯔끼다시**(突き出し) : 일본 요리에서 맨 처음에 나오는 가벼운 술안주 전
채요리, 오도오시(お通し) 또는 쯔끼다시(突き出し)에 가까운 요리를
일컫는다.

· **쯔께아와세**(付け合わせ) : 주재료에 곁들이는 재료 또는 요리. 회에 곁들
이는 무채나 당근, 오이, 차 조기(紫蘇 시소) 등의 재료도 쯔께아와세의
일종이다.

· **쯔께죠유**(付け醬油) : 요리에 사용하거나, 재워서 굽는 데 사용하는 간장
이다.

· **쯔께도꼬**(漬け床) : 쌀겨와 된장을 혼합한 재료에 재우기 위한 기지(生
地). 술찌꺼기에 재우기 등 재료를 장아찌로 만들기 위해 모아 둔 기지
(生地)를 말한다.

· **쯔나기**(つなぎ) : 재료가 잘 응어리지게 하기 위해 넣은 것으로 달걀, 밀
가루, 갈분 가루, 강판에 간 산마 등을 사용하는 것을 일컫는다.

· **쯔보누끼**(壺拔き) : 생선의 배 부분에 상처를 내지 않고 내장을 꺼내는
방법. 이러한 방법을 쯔쯔누끼(筒拔き)라고도 일컫는다.

· **쯔마(妻)** : 주로 회(刺身 사시미) 또는 쯔꾸리(造き) 등에 곁들이는 것을 일컬으며, 채소류, 해조 등의 계절 재료를 사용한다.

· **쯔마오리꾸시(褄折り串)** : 생선 토막의 양단을 접어 말아서 쇠꼬챙이를 꿰어 구울 때 사용하는 방법을 말한다.

  · 가따쯔마오리(片褄折り) : 한쪽만 접어 말아서 꿰는 방법

  · 료쯔마오리(兩褄折り) : 양단을 모두 접어 말아서 꿰는 방법

· **쯔메(詰め)** : 미림, 간장 등을 졸여서 만든 조미료이다.

· **쯔요지모(强霜)** : 시모후리(霜降り)의 일종이지만, 살짝 데친 시모후리에 비해 반 이상까지 열을 가한 재료를 말하며, 이것을 고와시모(こわしも)라고도 일컫는다.

· **쯔라라(氷柱)** : 재료에 전분을 묻혀서 삶거나 찜을 한 요리를 말한다.

데(て)

· **데우찌(手打ち)** : 우동이나 메밀을 만들 때 기계를 사용하지 않고 손으로 만드는 수법 또는 방법을 일컫는다.

· **덴쯔유(天露)** : 튀김(天婦羅 덴뿌라) 등의 튀김류에 찍어 먹는 양념간장을 일컫는다.

· **덴모리(天盛り)** : 초무침이나 채소, 생선, 패류 등을 장, 초, 깨 등으로 양념하여 무친 요리 등을 용기에 장식할 때 제일 윗부분에 마무리로서 산초나무 새싹이나 유자 등을 장식한 것을 일컫는다.

도(と)

· **도메완(止め椀)** : 회석요리에서 최후에 내는 맑은 장국을 말한다.

· **도리자까나(取り肴)** : 산, 해, 육의 진미를 3종, 5종, 7종과 같은 짜임새로 배합한 술안주를 일컫는다. 이것을 구미자까나(組み肴)또는 구찌도리(口取り)라고도 일컫는다.

· **도로비데니루(とる火で煮る)** : 연한 불로 조리다

· **도오와리(同割)** : 반씩 섞는 방법. 다시(물) : 술을 1 : 1의 비율로 한다.

나(な)

· **나가이(長い)** : 길다

· **나까오찌(中落ち)** : 생선을 정미 또는 다이묘오로시(大名卸し)했을 때에 중간 뼈 부분을 일컫는다.

· **나베가에시(鍋返し)** : 젓가락 등을 사용하지 않고, 냄비를 쥔 손의 조작으로 냄비 속의 재료를 회전하는 방법을 말한다.

· **나베마와시(鍋回し)** : 태워 눌어 붙는 것을 방지하기 위해, 맛이 골고루 배도록 하기 위하여 냄비를 빙글빙글 돌려서 냄비 속의 재료를 움직이게 하는 작업. 또 하나, 재료를 균일하게 끓이거나 삶기 위하여 배치하는 것을 말한다.

· **나마꾸사(生臭)** : 짐승 고기나 어패류를 뜻하는 말로서 정진(精進)에 관한 말이다.

· **쇼우진(精進)** : 중국 정진요리에서 유래되었다하여 지금까지 전해지고 있다. 육식을 하지 않고 채소만 먹었다.

· **나메사세루(舐めさせる)** : 재료에 가볍게 소금간을 하는 작업을 일컫는다.

· **난바(難波)** : 일본 오사까의 제일 중심적인 난바(難波)는 옛날에 파의 산지로서 굉장히 유명했다. 여기서부터 파를 사용한 요리에 불리워졌다.

· **난반(南蛮)** : 고춧가루를 사용하든지 기름에 튀기는 조리법을 사용한 요리에 대하여 불리워졌다.

· **난부(南部)** : 깨소금을 사용한 요리에 대하여 불리워졌음. 난부아게(南部揚け) 등이 있다.

니(に)

- **니에바나(煮えばな)** : 국물이 있는 요리나 끓이는 요리가 끓어 오른 직후를 일컫는다.

- **니가이(たがい)** : 쓰다

- **니기리(煮切り)** : 미림이나 술을 끓여서 알코올(alcohol)분을 태워서 없애는 작업을 일컫는다.

- **니기리자께(煮切り酒)** : 청주를 끓여서 알코올 분을 태워서 제거한 술을 일컫는다.

- **니기리미림(煮切り味淋)** : 미림을 끓여서 알코올 분을 태워서 제거한 미림을 일컫는다.

- **니고꼬리(煮凍り)** : 상어, 돔, 전복, 광어 등의 어패류에서 뽑아낸 니와가(膠)를 일컫는다.

- **니와가(膠)** : 짐승의 가죽, 뼈, 힘줄 등을 삶아 굳혀서 건조한 것. 접착제, 아교를 일컫는다. 즉 아교성분이 많은 어류를 끓여서 그 국물을 응고한 것, 또 그대로 제공하는 요리도 많다.

- **니고로시(煮ごろし)** : 국물 속의 생선살 또는 육류를 절구(擂鉢 스리바찌 : 약전 따위와 같이 음식물을 갈 때 사용하는 용기, 안쪽에 세로로 잔금이 있음)로 갈아서 된장(味噌 미소)을 첨가해, 끓인 다시국물로 묽게 하여 된장국(味噌汁 미소시루)으로 만든 것을 일컫는다.

  관서(關西)지방인 오사까(大阪)에서는 스리나가시(すりながし), 관동지방인 도쿄(東京)에서는 보우즈(ぼうず)라고 일컫는다.

  보우즈(坊主)란 중, 승려, 까까중, 대머리를 말한 것으로, 국물 속에 떠 있는 내용물이 아무 것도 없다는 데서 유래되었다.

- **니쬬모리(二丁盛り)** : 완성된 요리를 두 개 장식하는 것. 또는 니깐모리(二かん盛り)라고도 일컫는다.

- **니마이오로시(二枚卸し)** : 생선을 자르는 기본적인 방법으로 정미가 한 장, 다른 한쪽에 뼈가 붙은 정미가 한 장, 이렇게 하여 두 장으로 자른

것을 니마이오로시라 한다.

· **니마이보우쬬(二枚包丁)** : 토막을 낸 생선의 살 표면 부분에 또 하나의 칼집을 넣는 작업을 일컫는다.

· **니루(煮る)** : 조리다

누(ぬ)

· **누이꾸시(縫串)** : 꼬챙이를 꿰는 방법으로, 표면에 꼬챙이가 나오지 않게, 즉 뒤쪽에 조금 살을 뜨는 것처럼 꼬챙이를 꿰는 방법이다. 오징어 등을 구울 때 사용한다.

· **누노고시(布漉し)** : 다시국물 등을 무명 또는 천으로 거르는 작업을 말한다.

· **누메리(滑り)** : 붕장어, 토란, 실파, 해삼 등의 재료의 표면에 있는 점액을 말한다.

노(の)

· **노시꾸시(伸串)** : 재료를 똑바로 완성하기 위해 꿰는 꼬챙이의 일종으로 예를 들면 새우를 똑바른 형태로 굽거나 삶을 경우에 많이 사용된다.

· **노지메(のじめ)** : 생선의 선도를 표현하는 언어, 또는 사람의 손에 의해 죽지 않고 자연적으로, 즉 저절로 죽는 것을 말한다.

· **노보리꾸시(登り串)** : 은어 등의 민물생선을 소금구이를 할 경우 본래의 아름다운 모습으로 굽기 위해, 즉 은어가 헤엄치고 있는 자연의 모습 그대로 굽기 위하여 사용되는 꼬챙이 꿰는 방법을 말한다.

하(は)

· **하까다(博多)** : 색채가 다른 재료를 번갈아서 몇 종류를 합쳐서 잘랐을 때 재료의 절단된 부분이 하까다오리(博多織)와 같이 아름다운 모양으

로 보이는 요리에 붙인 명칭이다.

· **하까다오리(博多織)** : 일본 규수(九州)지방 중심지인 하까다(博多)에서 나는 비단직물. 여자들의 허리띠 감으로 사용된다.

· **하리우찌(針うち)** : 재료로 꼬챙이를 찌르는 작업.(잘 익히기 위해)

· **하시쯔게(箸づけ)** : 전채 요리를 일컫는 언어. 술안주감으로 최초에 내어지는 요리이다. 이것을 다른 용어로 하시와리(箸割り)라고도 일컫는다.

· **하시야스메(著やすめ)** : 초회나 채소, 생선, 패류 등을 장, 초, 깨 등으로 양념하여 무친 요리 등 요리에 변화를 주기 위해 곁들이는 간단한 요리. 입가심(口直し 구찌나오시)이라고도 일컫는다.

· **하시라무키(柱むき)** : 무, 오이, 당근 등을 채썰 때 둥글게 돌리면서 깎는 법.

· **하시리(走り)** : 계절감각에 잘 어울리는 재료(채소, 어패류) 등이 농어촌에서 출하하기 시작하여 시중에 나온 것으로 그해 들어 처음 나온 곡물, 채소, 과일 등을 말한다. 하쯔모노(初物) 또는 하시리모노(走り物)라고도 한다.

· **핫뽀다시(八方出し)** : 재료를 끓이거나 삶음에 있어서 기준이 되며 조미된 맛국물이다. 주로 채소종류에 사용되는데 각 재료, 조리방법에 따라 조절할 필요가 있다.

★ 맛국물(出し汁 다시지루) 7~8에 대하여 매운맛이 있는 조미료

맛국물(出し汁)	7~8	매운맛이 있는 조미료
간장(醬油)	1	
소금(塩)		
설탕(砂糖)		
미림(味淋)	1	단맛이 있는 조미료

위와 같은 비율로 끓여 만든 맛국물을 핫뽀다시(八方出し)라고 일컫는다. 일본 요리에서는 빼놓을 수 없는 재료이다.

· **핫뽀지(八方地)** : 핫뽀다시(八方出し)와 동일한 것이다.

· **핫뽀모리(八方盛り)** : 여러 가지 안주 등을 한 접시에 곁들여 담은 요리를 어느 쪽에서 집어도 무너지지 않게 하여, 용기에 장식하는 방법

제 Ⅲ 편 일본조리
133

을 일컫는다.

· **하라비라끼(腹開き)** : 머리를 붙이고 생선의 배를 똑바로 절단하는 방법을 일컫는다. 주로 작은 생선에 사용되며, 거의 말리는 재료에 이용된다.

· **하라부시(腹節)** : 메부시(女節)라고도 하며, 오도꼬부시(男節)에 대해 생선 근육의 섬유 또는 근육 중앙, 즉 생선을 절단했을 때 핏자국 부분이 있는 뼈의 섬유를 잘라낸 다음 배쪽 부분의 살을 일컫는다.

· **하라보네오가꾸(腹骨をがく)** : 생선을 절단했을 때 배 부분의 잔뼈만을 얇게 도려내는 작업을 말한다.

· **하라미(腹身)** : 생선 배 부분의 살을 일컫는다.

· **하리우찌(針打ち)** : 재료를 나무로 만든 가늘고 긴 꼬챙이(木線針 모멘하리)로 가늘고 짧게 찔러 넣어 재료에 함유되어 있는 염분이나 혈액을 빼냄. 또 재우는 맛국물이나 끓이는 국물이 잘 침투하게 하기 위해 또는 열처리를 잘하기 위하여도 이런 조작을 행하기도 한다.

· **한스께(半助)** : 그냥 구이한 뱀장어의 머리를 의미한다.

히(ひ)

· **히이레(火入れ)** : 술, 간장 등의 부패를 막기 위해 열을 가하는 작업을 일컫는다.

　요리를 장기간 보존하기 위해 다시 한번 열을 가하는 작업을 일컫기도 한다.

· **히쿠이(低い)** : 낮다

· **히또지오(一塩)** : 어류에 많이 사용되며 가볍게 소금을 가하거나 소금기를 함유시키는 작업을 일컫는다.

· **히도루(火取る)** : 가볍게 불에 쬐는(굽는)작업을 일컫는다.

· **히메가와(姬皮)** : 죽순 껍질의 제일 안쪽에 있는 희고 부드러운 부분을 일컫는다.

　기누가와(絹皮 : 여자의 살갖과 비단처럼 부드럽고 매끈하다고 하여 붙은 이름), 아마가와(甘皮 : 여자의 속살처럼 달콤하고 매끄럽고 향 긋하다고 하여 붙여진 이름)라고도 일컬어지고 있다.

- **히라우찌(平打ち)** :

  재료를 늘어놓고 꼬챙이를 꿰는 작업

  재료를 칼의 배 부분으로 두드리는 작업

  재료를 엷게 자르는 작업

- **히라끼(開き)** : 2등분으로 펼쳐 말린 재료를 말한다.

- **히레지오(ひれ塩)** : 생선을 통구이할 때 지느러미 부분을 검게 태우지 않 게 하기 위해 소금을 지느러미에 발라두는 작업. 소금이 잘 펴져서 깨끗 하고 아름답게 구워지며 하나의 작품으로 완성된다.

후(ふ)

- **후카이(深い)** : 깊다

- **후꾸린(覆輪)** : 용기의 둘레를 금이나 은 등으로 씌워 장식한 용기. 유행 하는 재료의 하나로서, 재료의 윗부분에 별도의 재료를 엷게 입혀서 층 을 만드는 것을 일컫는다.

- **후꾸사(ふくさ)**

  (1) 둘 이상의 재료를 합친 요리의 명칭. 대표적으로 후꾸사미소(ふく さみそ) 또는 아와세미소(あわせ味噌)가 있다.

  (2) 부드러운 것을 일컫는다. 예를 들면 후꾸사다마고(ふくさ玉子)

- **후꾸사다마고(ふくさ玉子)** : 반 정도로 익힌 달걀. 즉 속이 말랑말랑하고 부드럽게 익힌 달걀 요리를 일컫는다.

- **후키요세(ふきよせ)** : 끓는 물에 달걀을 풀어 넣고 잘 건져서 대나무발에 말아서 식힌 다음 우동쓰끼, 요세나베(모듬 냄비) 등에 사용한다.

- **후시오로시(節卸し)** : 등과 배 부분을 분리하여 자르는 작업. 큰 생선이 나 살이 부드러운 생선, 즉 가다랑어 등에 많이 사용된다.

- **후시도리(節どり)** : 한 마리의 생선을 거무스름한 부분부터 등쪽과 배쪽

부분을 분리하여 자르는 작업을 일컫는다.

· **후시모리(節盛り)** : 회를 기본적으로 용기에 장식하는 방법을 일컫는다. 평으로 자른 생선이나 재료를 기수로 장식하는 작업을 일컫는다.

· **후따오기루(蓋を切る)** : 뚜껑을 조금 여는 작업. 예를 들면 찜요리를 할 경우, 뜨거운 수증기가 뚜껑에 닿아서 물방울이 생기지 않게 하기 위하여 뚜껑을 조금 움직여 열어 두는 작업을 일컫는다.

· **후리미(振り味)** : 열을 가하지 않고 소금 그 외의 조미료를 뿌려 맛이 재료에 배어 들게 하는 작업을 일컫는다.

· **후루이(古い)** : 늙다

헤(ヘ)

· **베따지오(べた塩)** : 용기에 많은 소금을 넣어 생선의 표면에 충분히 소금을 발라두는 방법. 이러한 방법을 마부시지오(塗し塩)라고도 일컫는다.

호(ほ)

· **호네기리(骨切り)** : 갯장어, 쥐노래미 등과 같이 잔뼈가 많은 생선을 잔뼈에 잘잘한 칼집을 넣어 뼈를 자르는 작업을 일컫는다.

· **혼아지(本味)** : 사전 처리하여 가볍게 맛이 배어 들게 한 재료에 다시 한번 조미료를 첨가하여 완성하는 재료의 맛을 일컫는다.

마(ま)

· **마에모리(前盛り)** : 주재료가 되는 중심의 요리에 대해 사전에 장식해 두는 요리 및 재료를 일컫는다.

· **마사꼬(眞砂)** : 잔잔한 모래를 의미하는 뜻으로 이 같은 모양을 닮은 요리에 관한 것. 예를 들면 마사꼬아게(眞砂揚ば) 등이 있다.

· **마쓰가사(松笠)** : 솔방울(전복이나 오징어의 등쪽을 솔방울 모양으로 써는 방법)

· **마제모리(まぜ盛り)** : 수종의 재료. 자르는 방법을 사용한 회(刺身 사시미)를 모듬으로 장식하는 방법을 일컫는다.

· **마쯔가와쯔꾸리(松皮作り)** : 돔을 껍질이 붙어 있는 그대로 회(刺身 사시미)를 할 경우에 껍질에 가볍게 열을 가하여 솔잎과 같이 껍질에 아름다움을 자아내게 한 작업을 일컫는다.

· **마쯔바 오로시(松葉卸し)** : 작은 생선을 솔잎과 같은 모양을 보이게 하기 위하여 자르는 방법으로 머리와 내장을 제거하고, 꼬리지느러미가 붙은 그대로 한쪽 부분씩 살점을 잘라내어 중앙에 있는 뼈를 자르는 작업을 일컫는다.

· **마쯔마에(松前)** : 곰부를 사용한 요리에 관하여 일본 북해도의 마쯔마에(松前)라는 지방이 곰부의 주산지로 유명한 것에 의해 지금까지 이렇게 불려지고 있다.

· **마루호도끼(丸解)** : 메추리 등과 같이 작은 조류를 뼈와 살을 분리하는 방법으로 한 마리를 통째로 뼈와 살을 분리하는 작업. 이러한 방법을 이찌마이비라끼(いちまいびらま)라고 일컫는다.

미(み)

· **미지가이(短かい)** : 짧다

· **미즈아라이(水洗い)** : 생선의 비늘, 내장, 아가미를 제거하고 곧바로 조리가 되도록 씻는 작업. 넓은 의미로 재료를 곧바로 조리할 수 있게 씻는 작업을 말한다.

· **미즈기리무시(水切り蒸し)** : 여분의 수분을 제거하는 방법의 하나로서, 찜을 하여 재료의 여분의 수분을 제거하는 작업을 말한다.

· **미소도꼬(味噌床)** : 된장에 장아찌를 절일 때 사용하는 절이는 통의 의미
이다.
· **미조레(みぞれ)** : 진눈깨비를 닮은 상태의 요리에 붙여진 명칭. 대표적인
예로서, 미조레아게(みぞれ揚げ), 미조레아에(みぞれ合え) 등이 있다.
· **미다떼료리(見立て料理)** : 계절이나 때로는 취향에 맞게 풍경이나 꽃과
새 등을 잘 조각한 기공적인 요리이다.

무(む)

· **무시리미(むしり身)** : 생선, 닭고기 등의 살을 굽거나 찜 한 재료를 손으로
쥐어뜯는 것. 다른 용어로는 기나가시료리(着流し料理)라고도 불리워지
며, 이러한 요리가 일본에서는 이끼나료리(醉な料理)로 되어져 있다.
· **무라사끼(むらちき)** : 간장의 다른 이름이다.

메(め)

· **메부시(女節)** : 오도꼬부시(男節)에 대한 말. 생선의 거무스름한 부분을
잘라냈을 때 배부분의 살을 의미하는 것으로서, 하라부시(腹節)라고도
일컫는다.
· **멘도리(面とり)** : 재료(무, 당근 등의)가 깨지지 않게 모서리를 깎는
작업.

모(も)

· **모또가에시(もとかえし)** : 미림, 술을 끓여 간장, 다마리(溜り) 등을 첨가
한 재료를 일컫는다. 맛이 농후하기 때문에 장기간 보존이 가능하다.
· **모모이로(ももいろ)** : 복숭아 색
· **모리쯔게(盛りつけ)** : 생선의 통 구이를 담을 때 머리는 좌측으로, 배 측

을 앞으로 담고 곁들임은 자기 앞쪽으로 한다. 토막생선은 껍질이 위로 가도록 한다.

야(や)

· **야쿠(燒く)** : 굽다
· **야꾸미(藥味)** : 요리의 비린내나 나쁜 냄새를 없애주고, 요리에 독특한 향이나 맛을 곁들여 요리에 대한 취미, 취향을 한층 곁들이는 재료를 일컫는다.

유(ゆ)

· **유아라이(湯洗い)** : 회(刺身 사시미)를 씻는 방법의 일종. 엷게 깎아 자른 재료나 실처럼 가늘게 썬 재료를 미지근한 물에 씻는 작업을 일컫는다.
· **유즈가마(柚釜)** : 유자로 많든 용기. 유자를 상하 7 : 3의 비율로 절단, 유자 속을 파내어 조리한 재료를 넣고 뚜껑을 한 것을 일컫는다. 형태가 솥과 닮았다하여 유즈가마(柚釜)라고 일컫는다.
· **유센(湯煎)** : 이중 솥을 사용하여 가열하는 방법. 재료가 눌러 붙는 것을 방지하기 위한 방법으로 직접 열을 가하지 않고 고온의 뜨거운 열탕에 넣어 열탕의 온도로 조리하는 방법을 일컫는다.
· **유데루(ゆでる)** : 삶다
· **유도시(湯通し)** : 재료를 열탕으로 처리하는 작업. 살짝 열탕에 데치(霜ふり 시모후리)거나 기름 빼기(油拔き 아부라누끼), 색깔내기(色出し 이로다시) 등의 작업을 일컫는다.
· **유니(湯煮)** : 삶는 작업을 말한다.
· **유비끼(湯引き)** : 재료를 살짝 데치는 작업을 말한다.
· **유부리(湯振り)** : 생선의 토막 등을 뜨거운 열탕에 넣어 살짝 흔들어 건져 올리는 작업을 말한다.

· **유무끼(湯剝)** : 재료를 뜨거운 열탕에 살짝 집어넣어 껍질을 벗기는 작업. 예를 들면 토마토 등에 사용되는 작업을 말한다.

· **유오스루(湯をする)** : 강하게 시모후리(霜ふり)하는 작업으로 교시모(强霜)라고도 한다. 일본 관서지방인 오사까(大阪)에서는 삶는 것을 방언으로 유오스루라고 한다.

요(よ)

· **요꼬꾸시(橫串)** : 재료의 옆쪽에서 섬유에 대하여 직각으로 꼬챙이 꿰는 방법. 생선을 한 줄로 늘어놓고 꼬챙이를 꿸 때의 방법을 일컫는다. 주로 갯장어, 민물장어, 붕장어, 새우 등에 사용하는 방법을 일컫는다.

· **요쯔호도끼(四つ解き)** : 자라나 닭을 관절에서 분리하고 앞발, 뒷발 또는 허벅지고기, 날개 부분의 고기를 4등분으로 분리하는 작업을 일컫는다.

· **요비지오(呼び塩)** : 소금기가 많은 장아찌 또는 생선 등의 염분을 빼기 위하여 소량의 소금을 첨가한 물에 담그면 빨리 소금 맛을 뺄 수 있다. 이 때 첨가하는 소금을 요비지오(呼び塩)라고 일컫는다.

라(ら)

· **란모리(亂盛り)** : 회(刺身 사시미)를 장식하는 방법의 일종이다. 색, 형태를 밸런스(balance)를 맞춰 자유롭게 담는 방법을 말한다.

리(り)

· **린가께(りんかけ)** : 일본 관서지방 오사까(大阪)에서 사용되는 언어로서, 후꾸린(覆輪)과 같은 의미이다.

와(わ)

· **와카이(若い)** : 어린

· **와사비다이(山葵台)** : 회(刺身 사시미)에 고추냉이(山葵 와사비)를 곁들이기 위하여 무, 당근 등으로 간단하게 만든 용기를 일컫는다.

· **와따(腸)** : 생선이나 닭의 내장을 의미한다. 또는 해삼 창자(このわた 고노와따)를 생략하여 와따(腸)라고 칭할 때도 있다.

IV

서양조리

1. 서양 요리의 개요

인간이 존재하기 시작한 이래로 불을 사용하기 시작하면서 요리의 역사가 동시에 이루어졌다고 할 수 있다. 과거 선사시대의 요리에 관해서는 잘 알려져 있지는 않지만, 불을 발견한 이후에야 비로소 요리의 기술이 시작되었다고 할 수 있다. 이들은 나무뿌리·나무열매·곡식·벌꿀·생선 또는 동물의 젖이나 알 등을 식량으로 사용하여 굽거나, 동물의 윗주머니 및 가죽, 내장 등을 이용하여 익혀 먹었던 것으로 생각된다. 고대 이집트의 분묘와 피라미드의 벽화에서 그림이나 상형문자로 그려진 제빵과 조리사들의 작업과정을 찾아 볼 수 있다.

고대 페르시아인들은 화려한 연회나 축제를 즐겼던 것으로 유명하다. 아시리아의 왕 살도나팔루스(Sardonapalus)는 세계 최초의 요리경진대회를 개최하여 최우수자에게는 수천 량의 황금을 주고, 새로운 요리를 개발하는 사람에게는 많은 상금을 주었다. 페르시아의 전설적인 과일인 마멀레이드(Marmalade)와 좋은 와인은 연회나 축제일에는 풍부하였고, 정성스럽게 황금 용기에 담아 차려졌다. 페르시아인들에 의해 만들어진 몇 가지 음식들은 오늘날에도 세계적으로 유명한 요리가 되었다.

그리스인들은 페르시아인들로부터 조리법과 식사법을 계승받았다. BC 15세기 중엽까지 그리스에서는 부자와 가난한 자의 식사에 거의 차이가 없었다. 당시의 기본음식은 보리 페스트(Paste), 보리죽, 보리빵이었는데, 초기의 그리스인들은 하루에 네 끼 식사를 하였다고 한다. 로마인들은 그리스의 요리보다 더욱 섬세하고 맛있는 그들 자신의 요리를 개발하였다. 그들의 연회나 식도락적인 축제는 4세기 말까지 번창하였다. 그 후 로마제국의 몰락으로 요리·문학 등의 예술이 쇠퇴하기 시작했다.

로마인들은 많은 요리 전통을 영국으로 가지고 갔다. 영국 요리에 큰 영향을 준 것은 게르만족의 침략이었다. 켈트(Celts), 섹슨(Saxons), 그리고 노르만족(Normans)의 요리가 기본적인 요리가 되었다. 그 당시 영국에서는 대다수가 농민과 노동자여서 요리가 간단하고 푸짐한 것이었으나, 중세에 접어들면서 연회와 축제는 많은 음식과 맥주로 사치스러워졌다. 헨리 8세의 통치기간 중에 크리스마스가 축제일이 되었고, 크리스마스 이브부터 12일 동안에 걸쳐 음식들이 풍성하게 차려져 축제를 즐겼으나 엘리자베스 시대에 와서 요리에 관해 무관심해지고, 이것은 프랑스에서 데려 온 요리장을 고용한 클럽과 호텔이 생겨난 수 년 후까지 계속되었다.

프랑스 요리도 16세기까지는 영국요리와 마찬가지로 운치가 없는 것이었다. 현재 서양요리의 대명사를 프랑스 요리라고 부르고 있지만 그 프랑스 요리의 근대적 발달의 근본은 1533년 앙리 2세(Hernri Ⅱ)의 황후 카트리누 두 메디치(Catherine de medicis)가 향신료로 그 풍미를 자랑하던 이탈리아의 메디치(Medicis) 家에서 조리사를 다수 데리고 시집오면서 시작된다. 즉 프랑스 요리는 이탈리아에서 수입되었다고 할 수 있다. 그 후 미식가로서 널리 알려진 루이 14세, 루이 15세 때부터 프랑스 요리는 한층 발달한 것이다.

그 시대에 명요리장인 안톤 카템(Antonin Careme)이 나타났다. 그는

Baker부터 시작하여 희대의 명요리장이 되고 러시아 황실에서 오랫동안 봉사했다. 또한 그는 저서 「19세기의 요리」를 내는 등 프랑스 요리를 그 예술적 단계에 이르기까지 향상시켰다. 또 요리장 이외에도 미식가가 다수 나타남으로써 요리를 만드는 쪽과 먹고 즐기는 쪽 양면에서 보조가 맞아 요리의 발전에 기여했다.

이러한 사람들의 노력이 19세기까지 이어지고 20세기에 접어들면서 오구스트 에스코피에(Auguste Escoffier)가 지금까지의 프랑스 요리를 체계적으로 정리하여 현재의 기본이 되는 프랑스 요리를 완성시킨 것이다.

그는 20세기 최대의 프랑스의 명요리장으로 「조리지침」(Le Guide Culinaire)을 저술하였다. 독일 황제 빌헬름 2세는 "짐은 독일 황제, 당신은 황제의 요리장 그리고 요리장의 제왕"이라고 불렀다고 전해지고 있을 정도로 세계적 최대의 명성을 날렸던 명요리장이었다.

이와 같이 프랑스 요리의 역사는 오랜 것이고 또 많은 사람들의 노력으로 현재의 서양 요리가 쌓아올려진 것이다. 그리고 프랑스 요리의 발전은 소스에 특색이 있으며, 프랑스인에 의해서 생산되는 와인의 맛과 육류·어류·치즈 등 대표적인 원재료의 풍부함, 아름다운 맛을 사랑하고 와인에 취하는 낙천적 성질의 국민성과도 크나큰 관계가 있다. 한 가지 소스를 1주일간 걸려서 만드는 조리법은 다른 나라의 요리에는 없으며, 그 소스류도 육류·어류·조류·채소·수육·과자 등이며, 모두 독특한 진미를 표현하고 그 수와 종류에는 수백 종에 이르는 와인·리큐르류를 듬뿍 사용한다. 버터·크림·치즈류는 타국의 제품과는 비교가 되지 않는 깊은 맛과 농도를 지니고 있다. 또 오랜 역사를 통하여 만들어진 조리기술도 세밀한 테크닉이 수없이 많다.

현재 아메리카·이탈리아·스페인·영국에서도 고급 일류 음식점이 프랑스 요리를 기본으로 하고 있는 것은 널리 알려진 사실이다.

2. 식단구성

1) Breakfast

서양 요리에 있어 조식 요리는 주스류, 과일류, 곡물류, 달걀류, 고기류, 빵류, 음료 등이 있는데, American Breakfast, Continental Breakfast, Vienna Breakfast, English Breakfast 등으로 나눌 수 있고 조반의 방법이나 형태는 서구의 각 지역에 따라 각양각색이다.

조식에 제공되는 것으로는 과일 주스, 시리얼, 달걀 요리, 빵류, 육류, 생선, 커피와 티를 포함하는 음료 등이 있다. 채식주의자를 위한 채식조반, 비만이나 성인병 등으로 건강에 각별한 관심이 있는 사람들을 위한 건강식(Health Food) 조반 등도 있다.

◑ 서양 조식의 구분

조식의 종류	조식 구성
· American Breakfast(미국 조식)	주스, 시리얼, 햄 또는 소시지, 베이컨과 달걀, 토스트, 커피 또는 티
· Continental Breakfast(콘티넨탈 조식)	주스, 토스트, 커피 또는 티
· Vienna Breakfast(비엔나 조식)	스위트 롤 또는 데니쉬 패스트리, 삶은 달걀, 커피, 또는 우유
· English Breakfast(영국 조식)	주스, 시리얼, 생선, 토스트, 커피 또는 티
· Breakfast Buffet(조식 뷔페)	최근의 비즈니스 호텔에서 객실을 이용하는 고객을 위하여 주로 제공하는 조식의 형태이다. 양이 많고 풍족한 조식으로, 고객들이 짜여진 일정에 따라 바삐 움직이는 점에 착안하여, 제공되는 여러 가지 음식을 뷔페 식단으로 제공한다.

【식 단】

· Fruits : grapefruits, orange, apple, banana, peach 등

· Cereals : oatmeal, cornflakes, cornmeal

· Eggs : soft egg, hard egg, bacon egg, ham egg, scrambled egg, omelets, creamed egg

· Breads : white breads, toast, muffins, pancake, waffles, doughnuts

· Beverage : coffee, milk, juice

◐ 조식 세팅(BREAKFAST SETTING)

① Table Knife   ② Table Fork   ③ Butter Knife
④ B & B Plate   ⑤ Water Goblet   ⑥ Coffee Cup & Saucer
⑦ Coffee Spoon   ⑧ Flower Vase   ⑨ Caster Set
⑩ Ashtray   ⑪ Napkin

달걀 요리의 종류

아침식사의 달걀 요리는 대개 1인분에 2개로 한다. 그 외 특별한 경우, Omelet 또는 다른 요리를 할 때 3개를 사용하는 경우도 있다. 달걀 요리를 할 때는 대개 식용유를 사용하며, 달걀 조리 시 사용하는 팬은 충분히 가열되어야 하며 바닥 면이 매끄러워야 하고 조리 후 물로 세척해서는 안 된다.

(1) Fried Eggs

일반적으로 프라이드 에그 하면 오브 에지(Over easy)를 말하며 대개 손님이 주문할 때는 Over light, Over Medium, Over Hard 등으로 주문한다. 조리방법은 팬에 기름을 약간 넣고 120℃ 정도가 되면 달걀을 넣는다. 달걀을 넣을 때 노른자가 파손되지 않도록 해야 하며, 1~2분 후 흰자가 1/2 정도 익으면 뒤집어야 한다. Over Light 는 흰자만 약간 익힌 것이고, Over Medium은 흰자위가 익고 노른자위가 약간 익은 것을 말한다. Over Hard는 흰자와 노른자를 모두 익힌 것이다.

(2) Sunny Side Up

달걀을 프라이드 할 때 뒤집지 않고 한쪽만 익히는 것을 말한다. 팬에 기름을 약간 넣고 뜨거울 때 달걀을 넣고 흰자가 약간 익으면 오븐이나 살라맨더에 넣어서 익힌다. 구운 정도에 따라 Light, Medium, Hard로 나뉜다.

(3) Scrambled Eggs

달걀을 적당한 그릇에 깨뜨려 넣고 달걀 2개당 1스푼 정도의 Milk 또는 Fresh Cream을 넣고 잘 휘저은 다음 팬에 기름을 넣고 가열한다. 달걀을 넣고 빨리 휘저어야 한다. 너무 오랫동안 조리하면 단단해지므로 부드러워졌을 때 마무리한다.

(4) Boiled Eggs

보일드 에그는 많은 손님이 아침식사에 주문을 하기 때문에 조리할 때 주의해야 한다. 보일드 에그는 대개 Soft, Medium, Hard 등으로 구분하여 조리한다. 물론 달걀의 크기에 따라 다소의 차이가 있으나, Soft는 끓는 물에 3~4분 정도, Medium은 5~6분 정도, Hard는 10~13분 정도이다.

보일드 에그는 조리할 때 깨끗한 것으로 골라서 해야 하며, 끓는 물에 넣을 때까지 깨지지 않게 주의한다.

OMELET의 종류

오믈렛(Omelet)은 달걀 요리 가운데 손님이 많이 주문하는 음식으로, 간단하고 쉬운 요리이면서도 조리하기가 까다로운 요리 중의 하나이다. 물론 조리방법도 익혀야 하지만 많은 연습이 필요하다. 특히 만들 때는 팬의 온도를 잘 조절해야 하며, 팬은 지름이 20cm 정도로 코팅된 것이 좋다. 오믈렛은 들어가는 내용물과 소스에 따라 각각 명칭이 달라진다.

(1) Plain Omelet

오믈렛에 내용물을 넣지 않은 상태를 말한다.

(2) Bacon Omelet

Bacon을 사각으로 잘게 썰어 팬에 갈색이 되도록 구운 다음, 달걀에 넣고 섞어서 조리한다. 대개 아침식사에는 감자요리가 곁들여진다. 햄, 베이컨, 버섯, 양파, 토마토 등도 같은 방법으로 조리하면 된다. 단, 치즈 오믈렛은 달걀에 치즈를 먼저 넣지 말고 달걀이 1/2 정도 익었을 때 잘게 썰어 달걀에 넣고 빨리 말아야 한다.

(3) Omelet Farmer Style

햄, 양파, 샐러리, 당근 등을 사각으로 잘라서 버터에 볶은 다음, 달걀에 섞어 조리한다.

(4) Omelet Florence Style

시금치를 적당하게 잘라서 버터에 볶아 소금과 후추를 뿌린 다음, 달걀에 섞어 조리한다.

(5) Spanish Omelet

양파, 햄, 버섯, 청피망, 소금, 후추를 넣고 볶다가 토마토 소스를 넣고 살짝 끓여 오믈렛을 만들 때 속에 넣기도 하고 위에 올려주기도 한다.

2) 브런치(Brunch)

브런치는 정상적인 아침 시간보다는 조금 늦은 시간에 아침식사와 점심식사를 겸해서 하는 경우를 말한다.

3) Lunch와 Lunchon

오전 활동 후 먹는 식사로 아침보다는 조금 풍성하게 먹는다.

【식 단】

(1) 샌드위치 점심식단

샌드위치는 샌드위치 백작 4세인 몽타귀(John Montague, The 4th Earl of Sandwich)의 이름을 따서 붙여진 것이다. 그는 18세기 사람인데 도박을 좋아해서 24시간 동안 게임 테이블을 떠나지 않고 계속 있었다고 한다. 따라서 식사시간에도 게임을 계속할 수 있도록 하인을 시켜 빵조각 사이에 고기조각과 채소 등을 끼워 넣어 손으로 집어 먹을 수 있도록 준비해 게임 테이블로 가져오도록 하였다. 이런 유래를 갖게 된 샌드위치는 발전을 거듭해서 현재는 많은 종류, 다양한 크기와 모양의 샌드위치가 되었다.

샌드위치는 Open, Regular, Cold, Hot 등 네 가지로 분류된다.

sandwiches, dessert, beverage

예1)   · ham and vegetable sandwiches

· ice cream

· coffee

(2) 일품요리 점심식단

a la cart, salad, bread, dessert, beverage

예2)   · fish cutlet / vegetable

· green salad

· hard rolls

· choux cream

· coffee

(3) lunch 식단

예3)　　　· soup

· meat or fish

· salad

· dessert

· beverage

4) Supper, Family dinner

저녁식사 형식에는 가벼운 저녁식사(supper)와 여러 가지 격식을 갖춘 식사(family dinner)가 있다. 저녁식사에는 생선·고기류가 식탁에 많이 나가므로 포도주를 곁들이는 경우가 많다.

【식 단】

· Soup

· Fish

· Meat

· Salad

· Dessert

· Beverage

포도주

① Red Wine : 감미가 적고 적당한 산미와 쓴 기운 때문에 진한 고기요리 등에 잘 어울리며, 17℃ 정도의 약간 차다고 느낄 정도로 마시는 편이 좋다.

② White Wine : 담백한 맛이 나므로 생선요리·조개요리에 곁들이면 잘

어울리며, 10℃ 정도로 차게 해서 마시는 것이 좋다.

5) Formal dinner(Dinner Party)

행사가 있을 때 손님을 정식으로 초대하여 음식을 대접하는 정찬으로 점심때 차리는 것은 오찬, 저녁 식사 때 차리는 것은 만찬이라 한다.

【식 단】

(1) Appertizer(hors d'oeuvre)(전채요리)

에피타이저는 정찬 또는 만찬의 첫 코스 요리로 식욕을 돋우는 음식을 의미하며, 분량은 다른 요리에 비해 소량이지만 맛은 식욕을 촉진시키기 위해 자극적일 필요가 있다.

에피타이저로 제공되는 음식은 정결하고 색상의 조화가 어우러져 다음 코스로 제공될 주 요리를 먹고 싶은 욕구를 느낄 수 있어야 하며, 복잡한 곁들임(Garnishing)은 오히려 역효과를 가져올 수 있으므로 주의하여야 한다.

에피타이저는 찬 에피타이저(Cold Appetizer)와 더운 에피타이저(Hot Appetizer)로 나눌 수 있으며, 전통적으로는 생선을 주 재료로 한 테린(Terrine), 파테(pate), 훈제 송어, 또는 마늘 버터를 곁들인 식용 달팽이(Escargot)가 주 요리이지만, 현대에 와서는 육류, 채소, 치즈, 파스타 그리고 곡물을 기초로 한 요리가 증가하고 있다.

에피타이저의 기본적인 종류는 칵테일(Cocktail), 에피타이저 샐러드(Appetizer Salad), 오르되브르(Hors d'Oeuvre), 카나페(Canape) 등으로 나누어진다.

칵테일(COCKTAIL)

칵테일은 해산물을 많이 이용하며, 강한 맛과 향 그리고 신맛이 특징이다.

이때 소스가 매우 중요하다. 참치, 새우, 바닷가재, 게살, 조갯살 등으로 칵테일을 만들 수 있다.

◐ **주요 칵테일 종류**

① Shrimp Cocktail(새우 칵테일)

② Fresh Oyster Cocktail(싱싱한 양식 굴 칵테일)

③ Lobster Cocktail(바닷가재살 칵테일)

④ Abalone Cocktail(전복 칵테일)

⑤ Crab meat Cocktail(게살 칵테일)

⑥ Seafood Cocktail(모듬 바다생선 칵테일)

에피타이저 샐러드(APPETIZER SALAD)

여러 가지 채소와 드레싱, 또는 Pickled Herring, Smoked Salmon, Seared Tuna 등이 곁들여 제공되기도 한다.

샐러드와 함께 차려내는 에피타이저의 종류와 예는 다음과 같다.

① Pan-Seared Tuna on Mixed Green Salad and Tomato Salsa Sauce : 뜨거운 토마토 살사 소스와 그린 샐러드를 곁들인 씨어드 참치 샐러드

② Tuna Tartar and Herb Salad : 신선한 참치 타르타르와 허브 샐러드

③ Herb Marinade and Fennel Salad with Extra Virgin Olive Oil : 향신료에 절인 연어와 올리브 오일에 버무린 휀넬 샐러드

오르되브르(HORS D'OEUVRE)

식사 전이나 알코올이 제공되는 칵테일 파티에서 카나페와 함께 제공되는 뷔페식으로, Rolled and stuffed Meats, Glazed Shrimp, Spiced Fruits and Vegetable, Miniature Sausage or Pizza, Bite Size Cheese or Meats, Various

Meatballs, Angels on horseback - Oysters Wrapped in Bacon 등이 제공된다. 육류, 어패류, 달걀, 채소류, 가금류 등의 식재료를 이용해서 한입에 먹을 수 있도록 만들며 카나페와 달리 빵이나 크래커를 필요로 하지 않는다.

오르되브르는 더운 오르되브르와 찬 오르되브르로 나눌 수 있다.

① 콜드 오르되브르(Cold Hors d'Oeuvre)

콜드 오르되브르는 소스와 함께 서브된다. 사각형이나 타원형의 츄레이에 담아 서브되므로 서빙 도구들도 필요로 한다. 카나페, 피클, 채소, 치즈, 햄, 소시지, 연어, 굴, 달걀, 과일 등이 이용된다.

② 핫 오르되브르(Hot Hors d'Oeuvre)

리셉션 메뉴의 오르되브르는 페이스트리 케이스에 넣어 서브될 수 있다. 소스가 필요 없다면 손님이 포크나 접시를 사용하지 않고 먹을 수 있을 것이다. 이 오르되브르를 따뜻하게 유지하려면 챠핑디쉬(Chafing Dish)를 준비해야 한다. 튀김요리, 구워낸 육류요리(베이컨말이·간·굴·소시지와 달팽이요리·새우·조개류 등), 소형 크로켓, 미트볼, 팬케이크 등이 있다.

카나페(CANAPES)

카나페의 원래 뜻은 오르되브르의 일종을 가르키며 빵조각이란 의미이지만, 현재의 뜻은 빵조각 위에 적합한 식재료를 곁들이는 것을 의미하며 정확하게 표현한다면 그것은 작은 오픈-페이스트 샌드위치를 뜻한다. Smoked Salmon, Anchovy, Caviar, Foie Gras, Cheese, Smoked Meat, Roast Meat, Seafood, Shellfish 등이 그 위에 곁들여진다. 카나페는 매우 작지만 핑거 푸드가 대부분의 리셉션에 기본적으로 등장하듯이 카나페도 칵테일 파티에서 빠져서는 안 될 간단히 즐길 수 있는 음식을 말한다.

카나페는 한입에 먹기 좋은 크기의 토스트 브레드와 크래커를 사용하는 것이 일반적이며, 칵테일파티에서는 10~12가지의 여러 가지 식재료를 사용하고 모양과 색이 조화가 되도록 하여 제공한다. 주 요리를 먹기 전 에피타이저로 제공할 때는 단일 식재료 또는 2~3가지를 혼합하여 제공한다.

에피타이저 요리시의 유의점

① 알맞은 1인분의 양을 정한다. 일반적으로 에피타이저는 작은 양으로 서브, 앙트레(Entree)를 즐길 수 있게 한다.

② 신선한 허브와 다른 조미료를 적절하게 사용해야 한다. 에피타이저에 마늘(Garlic) 또는 바질(Basil)을 지나치게 넣으면 오히려 입맛을 잃어버릴 수 있는 요인이 된다.

③ 진열에 특별히 주의를 기울인다. 음식은 알맞은 온도를 유지하며, 장식물은 요리의 색깔, 질감을 더할 수 있도록 한다.

에피타이저의 종류

① Vegetable Terrine with Chive Cream Cheese Sauce
  채소 테린에 차이브 크림치즈 소스

② Mussel, Shrimp, Mushroom-Seafood Terrine
  홍합, 새우, 버섯을 곁들인 생선 테린

③ Fresh Tuna Tartar and Beluga Caviar
  신선한 참치 타르타르와 벨루가 캐비아 팀발

④ Procuitto Ham with Melon
  이탈리안 멧돼지 햄과 멜론

⑤ Goose Liver and Champagne Jelly
  적포도 샴페인 젤리와 거위 간

⑥ Seafood Cocktail with Lemon Vinaigrette
  해산물 칵테일과 레몬 비네그레트

(2) Soup

수프의 원래 의미는 불어의 포타쥐(potage), 즉 어원적으로 보면 'pot에서 익혀서 먹는 요리'라는 의미와 '얇게 썰어 빵 위에 국물을 부어 먹었다'는 단어의 합성어이다. 17세기까지 프랑스에서 수페(Soupe)와 포타쥐(Potage)가 각각 분리되어 쓰이다가 18세기 이후에 포타쥐(Potage)는 영어의 수프(Soup)와 불어의 수페(Soupe)로 불리게 되었다.

수프의 분류

① Clear Soup(맑은 수프) : 맑은 수프에는 레몬을 얇게 띄우기도 하고 마카로니 국수 삶은 것, 채소 볶은 것 등을 쓴다.

- Consomme Soup : 고기와 여러 가지 채소를 넣어 오랜 시간 푹 삶아 걸러낸 아주 맑고 진한 갈색 국물로 종류는 Beef Consomme, Chicken Consomme, Fish Consomme 등이 있다.
- Broth or Bouillon : 고기의 살과 채소를 삶아 끓여서 받아낸 국물
- Vegetable Soup(채소수프)

② Thick Soup(Potage : 걸쭉한 수프) : 걸쭉한 수프에는 달걀 노른자, 크루톤(cruton) 치즈, 베이컨 볶은 것, 크래커 등을 쓴다.

리애종(Liaison)을 사용한 걸쭉한 상태의 수프를 의미하며 대중적으로 잘 알려져 있는 크림수프(Cream Soup)를 비롯하여 퓨레(Puree), 챠우더(Chowder), 비스큐(Bisque) 등의 종류를 들 수 있다.

- Cream(크림 수프)

  크림 수프는 육수(Stock)에 화이트 루(White Roux)를 넣어 농도를 조절하고 우유와 크림을 첨가하여 맛을 낸 부드러운 수프이다.

- Puree(푸레 수프)

  주로 전분 함량이 많은 채소(당근, 옥수수, 완두콩), 감자(Potato), 컬리플라워(Cauliflower)등을 물이나 부용으로 조려서 부드럽게 되면 체에

걸러 농도를 조절하고 푸레 수프(Puree Soup)를 만든다. 농밀도를 높이기 위해 크림이나 우유를 사용하기도 한다.

· Chowder(차우더 수프)

주로 생선과 채소, 조개를 주재료로 하여 만든 건더기가 많은 크림 형태의 수프이며, 특징으로는 주로 감자를 사용한다. 대표적인 수프로는 대합조개를 이용한 Clam Chowder Soup를 들 수 있다.

· Bisque(비스큐 수프)

전통적으로 비스큐 수프는 바닷가재(Lobster), 새우(Shrimp) 등 갑각류(Shellfish)의 풍미를 살린 진한 어패류 수프이고, 특징은 쌀이 전통 농축제로 사용되며, 토마토 페이스트를 사용하므로 수프의 색은 붉은색이다.

③ Cold Soup(차가운 수프)

차가운 수프로 여름철에 많이 이용하며 채소 또는 과일주스 등의 액체를 넣어 농도를 맞춘 수프이다. 수프의 종류로는 비시스와즈(Vichyssoise), 가즈파쵸(Gazpacho), 콜드 콘소메(Cold Consomme), 스패니쉬 수프(Spanish Soup), 메론 수프(Melon Soup) 등이 있다.

④ Special Soup(특별한 수프)

스페셜 수프는 특이한 재료를 사용하여 만들거나 독특한 조리법으로 수프를 제조하는 방법을 뜻한다.

· Beef Tea Soup

· Crustacean Soup

· Real Turtle Soup

⑤ National Soup

각국별, 지역별로 전통적으로 전해 내려오는 수프로, 이들 수프를 조리하는 방법은 다양하고 독특하며 수프의 명칭을 메뉴에 기재할 때 그 기원이 되는 국가에서 불리는 명칭대로 표기하여야 한다.

- 헝가리안 굴라쉬 수프(Hungarian Goulash Soup)

- 부야베스 알라 프로방샬(Bouillabaisse a la Provence)

- 보르치아 폴로네(Bortsch Polonais)

- 이탈리아 미네스트론(Italian Minestrone)

(3) Fish(생선요리)

Baked Fish(오븐구이), Fried Fish(튀김), Poached Fish(삶은 생선), Steamed Fish(생선찜), Meuniere(버터구이), Gratin(그라탕) 등이 있다.

(4) Entree(앙뜨레)

부드러운 닭고기, 양고기, 돼지고기 등으로 만들며 고기 요리를 먹기 전에 간단히 먹는 요리이다. 조육 요리는 통째로 구워내는 것이 통례이다. 양식 정찬에서는 앙뜨레는 생략하고 고기 요리를 먹는 경우도 많다.

(5) Roast(고기요리)

정찬에서 중심이 되는 요리로 수육류(Beef, Veal, Pork, Mutton, Lamb)를 오븐에 굽거나 직접 불에서 굽거나 기름에 튀김을 하는 경우도 있다. 적포도 주를 곁들여 먹는다.

(6) Vegetable(채소요리)

주식인 고기요리에 곁들여 나오는 것으로 따뜻하게 먹을 수 있도록 만든 요리이다. 시금치, 감자, 토마토, 당근, 셀러리, 호박, 가지, 완두콩, 콜리플라워, 브로콜리, 껍질콩, 양배추, 양파, 레디쉬 등을 쓴다.

(7) Salad(샐러드)

(8) Dessert(디저트)

푸딩, 파이, 케이크류, 초콜릿, 아이스크림, 셔벗

(9) Fruit(과일)

(10) Demitasse Coffee(블랙커피용의 작은 찻종)

커피의 농도가 진하며 향과 맛이 좋은데 작은 커피잔에 마신다.

샐러드(S'ALAD)

샐러드의 어원은 라틴어의 'Herba Salate' 즉, 소금을 뿌린 Herb(향초)라는 뜻으로서, 신선한 채소 또는 향초 등을 소금만으로 간을 맞추어 먹었던 것에 유래한다. 이것이 점차 발전하여 현재와 같이 다양한 Dressing, 기름과 식초 (Oil & Vinegar), 또는 Salad 등이 형성되었다고 할 수 있다.

샐러드는 채소 외에 주재료로 고기, 파스타, 라이스, 생선, 과일 등의 다양한 재료와 만드는 법, 전문조리사의 개성에 따라 변화·발전되어 왔다. 또한 각종 향초(Herb)는 우리 인체 내에서 향균, 진정, 강장, 약리 작용 등의 효과가 있다고 하여 샐러드의 관심은 날로 높아지고 있다.

샐러드는 원래 단순 샐러드(Simple Salad), 복합 샐러드(Compose Salad)로 구분되어 왔으나 최근 들어 그린(Green), 과일(fruit), 생선(Poisson), 육류 (Viande), 파스타(Pasta) 등으로 세분화되고 있다. 대부분의 샐러드는 필요에 따라 색, 맛, 영양의 조화를 이루기 위하여 적당한 배합이 가장 중요하다.

샐러드는 바탕(base), 본체(body), 드레싱(dressing), 가니쉬(garnish)로 구성되어 있고 다음과 같은 기본원칙을 지켜야 한다.

① 단순한 색의 혼합(Color)

② 재료들은 항상 신선할 것(Fresh)

③ 맛의 구성, 색의 균형(Taste)

④ 예술성 즉, 항상 시각적인 호감을 주어야 한다.

샐러드에 관한 로마의 속담을 들어보면 다음과 같다.

"샐러드를 만드는 데는 네 사람이 필요하다.

첫 번째 사람은 식초를 넣는 수전노.

두 번째 사람은 기름을 넣는 낭비가.

세 번째 사람은 맛을 내는 현자.

네 번째 사람은 그것을 버무리는 광인이 있어야 한다."

이 속담의 의미는 식초의 경우 지나치게 많이 넣으면 안 되고, 기름은 많이 사용하고, 맛은 적절히 내고, 그리고 재빨리 버무리는 것이 좋은 샐러드를 만드는 요령이라는 것이다.

① 순수 샐러드(Simple Salad)

고전적인 순수 샐러드는 한 가지의 채소만으로 만들어지고 있었으며, 여기에 Parsley, Chervil, Tarragon을 잘게 다시 얹고 Vinaigrette를 곁들였다고 한다.

현대에 와서는 순수 샐러드라 할지라도 단순하게 한 종류의 식자재보다는 여러 가지 채소를 적당히 배합하여 영양, 맛, 색상 등이 서로 조화를 이루도록 변화, 발전하였으며 각종 향초나 향료류는 Dressing에 가미되어 곁들여지고 있다. Salad 조리 시 주의할 점은 각종 채소 및 식재료는 물기를 완전히 제거한 다음 접시에 담아야 한다. 물기가 남아있으면 Dressing이 흘러내려 보기에 좋지 않고 맛이 저하된다. 잎채소의 경우 작은 잎은 그대로 사용하고, 큰 잎일 경우에는 가급적 칼을 사용하지 말고 손끝으로 적당히 잘라야 한다. 칼을 사용하면 채소의 색깔이 빨리 변하고, 비타민이 파괴될 우려가 많기 때문이다.

② 혼합 샐러드(Compound Salad)

혼합 샐러드란 각종 식재료, 향료, 소금, 후추 등이 혼합되어 양념, 조미료 등을 더 이상 첨가하지 않고 그대로 고객에게 제공할 수 있는 완전한 상태로 만들어진 것을 말한다. 일반적으로 Oil & Vinegar를 많이 사용하며 경우에 따라서 마요네즈 및 각종 드레싱류도 사용한다.

③ 샐러드의 기본 요소

· Base(바탕) : 바탕은 일반적으로 잎상추, 로메인 레터스와 같은 샐러드 채소로 구성되며, 목적은 그릇을 채워주는 역할과 사용한 본체와의 색의 대비를 이루는 것이다.

· Body(본체) : 본체는 샐러드의 중요한 부분이다. 샐러드의 종류는 사용된 재료의 종류에 따라 결정된다. 본체는 좋은 샐러드를 만들기 위해 지켜져야만 하는 법칙들을 준수해야 한다.

· Dressing(드레싱) : 드레싱은 일반적으로 모든 종류의 샐러드와 함께 차려낸다. 맛을 증가시키고 가치를 돋보이게 하며 소화를 도와줄 뿐만 아니라 곁들임의 역할도 한다.

· Garnish(가니쉬) : 곁들임의 주 목적은 완성된 제품을 아름답게 보이도록 하는 것이지만 형태를 개선시키고 맛을 증가시키는 역할도 한다. 곁들임은 기본 샐러드 재료의 일부분일 수도 있으며, 본체와 혼합되는 첨가항목일 수도 있다. 곁들임은 항상 단순해야 하며, 손님의 관심을 끌고 식욕을 자극하는 데 도움을 주어야 한다. 주로 사용하는 곁들임은 흔히 특수 채소라고 불리고 있는데, 예전에는 종류가 많지 않았지만 지금은 품종을 개량해서 한국에서도 100여 종이 생산되고 있다.

샐러드의 종류는 다양하지만, 많이 이용되는 샐러드는 다음과 같다.

ⓐ Avocado and Prawn Salad with lemon Vinaigrette
　　(레몬 비네그레트 드레싱을 곁들인 아보카도와 참새우 샐러드)

ⓑ Braised Endives Salad(육수에 졸인 엔다이브 샐러드)

ⓒ Roasted Duck Breast and Leek Salad
　　(구운 오리 가슴살과 대파 샐러드)

ⓓ Tomato and Cheese Salad with Balsamic, Vasil Vinaigrette
　　(발사믹, 바질, 비네그레트를 곁들인 토마토와 치즈 샐러드)

ⓔ Scallops and Garden Leaves Salad(오징어와 가든 샐러드)

ⓕ Roasted Beef and Marinade Onion Salad
　　(오븐에 구운 쇠고기와 양념에 절인 양파 샐러드)

ⓖ Caesar Salad(시저 샐러드)

ⓗ Waldorf Salad(월도프 샐러드)

ⓘ Potato Salad(감자 샐러드)

ⓙ Coleslaw Salad(콜슬로우 샐러드)

샐러드를 맛있게 만드는 방법

① 재료는 항상 신선한 것을 사용한다.

② 청정채소(날것으로 섭취하기 때문)는 흐르는 물에서 짧은 시간 동안 잘 씻어야 한다.

③ 자를 때도 손으로 찢는 것이 좋다.

④ 사용 용도(찬 것 또는 뜨거운 것)에 맞게 만들어야 한다.

⑤ 물기를 최대한 제거해야 아삭아삭한 맛을 느낄 수 있다.

⑥ 드레싱의 농도, 재료선택, 시간, 비율 등을 충분히 고려해야 한다.

⑦ 드레싱은 고객의 취향에 맞게 제공한다. 상황에 따라서 버무려 주거나 따로 제공한다.

드레싱(DRESSING)의 종류

샐러드에 곁들여지는 드레싱은 다음과 같이 다양하다.

① Thousand Island Dressing

② French Dressing

③ Blue Cheese Dressing

④ Caesar Dressing

⑤ Oil Vinaigrette

⑥ Roquefort Cheese Dressing

⑦ Yogurt Dressing

⑧ Balsamic Dressing

⑨ Seasame Oil Dressing

⑩ Soy bean Dressing

⑪ Italian Dressing

⑫ Salsa Dressing

⑬ Herb Dressing

⑭ Strawberry Dressing

⑮ Lemon Dressing

3. 메뉴의 종류

메뉴는 작게 된 것을 뜻하는 'MINUTUS'라는 어원에서 유래된 말이다. 19세기 중반에 왕궁을 출입하는 식도락가를 위해 그날의 요리를 포스터로 식당 문에 붙였는데, 이를 본따 궁 밖의 식당들이 흉내를 내어 식탁에서도 볼 수 있게 작게 만들었다고 한다.

1) 정식메뉴(Table d'Hote Menu)

정식메뉴는 정해진 순서에 따라서 제공되는 메뉴로서, 고객은 그 메뉴 내용이 구성하고 있는 각각의 요리 품목을 주문할 필요가 없다. 정해진 가격에 의해 정해진 순서대로 제공되는 요리를 말한다. 정식메뉴는 풀코스메뉴(Full Course Menu)로 제공되며, 대체적으로 한 끼분으로 구성되어 있고 가격은 약간 비싸지만 품질은 우수하다.

현대에 와서는 정식 메뉴의 코스가 다음과 같은 순서로 변화되고 있다.

① 5 Course : 전채 → 수프 → 주요리 → 후식 → 음료

② 7 Course : 전채 → 수프 → 생선 → 주요리 → 샐러드 → 후식 → 음료

③ 9 Course : 전채 → 수프 → 생선 → 셔벗 → 주요리 → 샐러드 → 후식 → 음료 → 식후 생과자

현대에 와서는 정식 메뉴만으로는 고객의 욕구를 만족시켜 줄 수 없으며, 또한 대부분의 레스토랑은 정식 메뉴만을 고집하여 판매하는 식당은 거의 없는 실정이다. 정식메뉴와 비슷한 오늘의 특별 메뉴(Daily Special Menu)는 매일매일 주방장이 준비하여 내는 메뉴로서 고객들의 다양한 기호성에 맞추어 양질의 재료, 저렴한 가격, 때와 장소, 계절에 맞게 레시피를 작성하여 매일 다양한 메뉴를 제공하고 있다.

2) 일품 요리 메뉴(A La Carte Menu)

일품 요리 메뉴(A La Carte Menu)란 고객의 기호에 따라 한 품목씩 자유로이 선택하여 먹을 수 있는 차림표를 말하는데, 이것을 표준차림표라고도 한다. 일품 요리 메뉴는 서기 1792년 프랑스 혁명 후 파리에 많은 외국 정부의 대표들이 모여 호텔에서 장기간 생활하고 있었는데, 그 당시 호텔에는 정식 메뉴였기 때문에 매일 반복되는 똑같은 메뉴에 권태를 느끼게 되었다. 이러한 때 친지 또는 친구의 초청을 받아 가정에서 식사를 할 경우에만 자기 식성에 맞는 식사를 할 수 있는 정도였다. 그런데 이 무렵 수프를 만들어 내는 음식점이 생겨서 처음에는 아무렇게나 끓여 먹어서 며칠씩 묵은 딱딱한 빵과 같이 판매했는데, 이것이 인기가 있어서 차츰 진보되어 수프에 고기 · 채소 등을 넣고 끓여서 대중에게 제공하게 됨으로써 그 명칭이〈Restaurant〉이라 불리게 되었으며, 이것이 일품요리를 만들어 제공하는 시초가 되었다. 일품 요리 메뉴는 식당에서 주된 차림표로서 그 구성은 가장 전통적인 정식 식사의 순서에 따라 각 순서마다 몇 가지씩 요리품목을 명시한 것으로 현재 각 식당에서 사용하는 메뉴는 일반적으로 거의 다 일품 요리 메뉴이다. 이 메뉴는 한번 작성되면 장시간 사용하게 되므로 요리준비나 재료 구입 그리고 조리업무에 있어서는 단순화되어 능률적이라 할 수 있으나, 원가상승에 의해 이익이 줄어들 수도 있고, 단골고객에게는 신선한 매력이나 맛을 느낄 수 없게 되어 판매량이 줄어 들 수 있으므로 고객의 호응도를 감안하여 새로운 메뉴 개발을 꾸준히 시도해야만 한다.

일품요리의 메뉴는 정식 요리의 메뉴에 비해 다음과 같은 특징이 있다.

① 가격이 정식 메뉴보다 비교적 비싼 편이다.

② 고객의 기호에 따라 다양하게 메뉴를 선택할 수 있다.

③ 제공되는 요리 품목의 메뉴 구성이 다양하다.

④ 메뉴의 종류가 많아 식자재의 관리가 어렵다.

3) 특별 메뉴(Special Menu : Carte de Hour)

호텔 레스토랑이나 전문 레스토랑에서 제공하는 특별 메뉴(Special Menu : Carte de Hour)는 원칙적으로 매일 시장에서 특별한 재료를 구입하여 주방장이 최고의 기술을 발휘함으로써, 기념일이나 명절과 같은 날이나 계절과 장소에 따라 그 감각에 어울리는 산뜻한 입맛을 자아내 고객의 식욕을 돋우게 하는 메뉴이다. 특별 메뉴는 제공함으로써 매일매일 시장정보에 의한 신선한 식품의 구매와 준비된 최고의 상품으로 신속하고 질 높은 서비스를 할 수 있으며, 식재료의 재고품 판매를 할 수 있는 장점도 있다.

4) 아침 메뉴(Breakfast Menu)

아침에 제공되는 요리를 총칭하는 것으로서 보통 오전 10시까지 제공되는 요리를 말한다. 특히 아침 식사 서비스가 그 날을 즐겁게, 또는 기분을 상하게 할 수 있다는 점에서 세심한 주의를 필요로 한다.

아침 메뉴에 따른 식사 형태는 최근에 들어서 변화되었다. 조식 준비를 다양하게 하는 가정의 형태보다는 보다 가벼운 건강식 메뉴를 조식에 준비하여 계속적으로 서비스하는 코스 형식이나, 과일, 시리얼, 달걀, 주스, 빵 등을 한두 가지만 선택하는 간단한 메뉴로 변화하고 있다.

5) 점심 메뉴(Lunch Menu)

정오에 먹는 식사로서 저녁 식사보다 간단하고 코스도 적을 뿐만 아니라, 아침 식사와 같이 비교적 쉽고 빨리 만들 수 있는 메뉴가 주종을 이룬다. 영양이 충분하면서 빨리 먹을 수 있는 샌드위치, 수프, 샐러드, 과일 주스, 빵 등이 대표적인 점심 메뉴이다. 점심 메뉴는 주식의 명칭으로서, 영국에서는 간단한 점심을 Tiffin이라 한다. 이것은 대개 정식의 메뉴로 구성되지만, 내용적으로 정찬보다는 간단한 약식 식사이다.

6) 저녁 메뉴(Dinner Menu)

저녁 메뉴는 내용적으로 다양할 뿐만 아니라 가격 면에서도 점심 메뉴보다 더 비싸다. 무엇보다도 중요한 것은 고급 요리임과 동시에, 매우 비중있는 만큼 정성을 들여야 한다. 스테이크, 치킨, 로스트, 해물 요리, 라자니아, 파스타, 랍스타 등이 전통적인 저녁 메뉴에 해당된다. 또한 포도주와 칵테일, 샴페인 그리고 다양한 디저트와 함께 제공되기 때문에 점심 메뉴보다 훨씬 다양하고 고급 요리이다.

7) 특별 메뉴(Daily Special Menu)

오늘의 특별 메뉴는 주방장이 당일에 고객의 취향을 맞추어 매일 신선한 재료를 사용함으로써 변화 있는 메뉴를 구상하여 고객의 기호성을 살릴 수 있는 메뉴를 말한다.

8) 계절 메뉴(Seasonal Menu)

축제 메뉴는 축제일이나, 어느 지방, 어느 나라의 특별한 날짜를 기념하기 위하여 만든 메뉴로서 특별한 경우이기 때문에 주의 깊게 작성하여야 한다. 한 예로 추수 감사절이나 성탄절에는 칠면조 요리나 호박파이 등을 반드시 메뉴에 넣어야 한다.

10) 연회 메뉴(Banquet Menu)

연회 메뉴란 정식 메뉴와 일품 요리 메뉴의 장점과 독특한 성격만을 혼합하여 만든 메뉴로서 많은 식당에서 사용하는 메뉴의 하나이다. 보통 연회를 하기 전에 가격과 질에 따라 다양한 일품 요리 메뉴를 고객과 상의하여 고객이 원하는 요리의 종류와 가격을 선택한 후 점심 메뉴나 뷔페 메뉴로 구성하여 연회 시에 사용하는 메뉴이다.

11) 뷔페 메뉴(Buffet Menu)

일정한 요금을 지불하면, 고객의 기호에 따라 준비된 음식 중에서 좋아하는 음식만 골라 마음껏 즐길 수 있는 셀프서비스(Self-service)방식의 식사 메뉴이다. 내용상으로 크게 두 가지로 구분하는데, 일정하게 예약된 인원(연회, 각종 행사)을 위하여 정해진 음식의 양이 제공되는 클로즈 뷔페(Closed Buffet)와 불특정다수의 고객(일반 뷔페식당)을 대상으로 준비되는 오픈 뷔페가 있다. 그러나 음료나 술은 별도 계산을 하도록 되어 있으며, 준비된 내용에 따라 찬(Cold) 뷔페와 더운(Hot) 뷔페로 나뉜다.

12) 스탠딩 뷔페 파티(Standing Buffet Party)

스탠딩 뷔페 파티는 「한 손에 접시를 들고 다른 한 손은 포크를 들고 서서 하는 식사」라고 정의할 수 있는데 이러한 식사형태는 공간이 비좁아서 테이블과 의자를 배치할 수 없는 경우에 적합하다.

칵테일파티에 식사 전 요소가 가미된 요리 중심의 식단이 작성되며 스탠딩 뷔페는 양식 요리가 추가되며 중식, 일식, 한식 요리 등이 함께 곁들여지는 것이 특징이다. 고객들의 취향에 맞는 요리와 음료를 마음껏 즐길 수 있도록 하며, 때로는 연회장 벽 쪽으로 의자도 배열하여 고객의 편의를 제공하기도 한다.

13) 칵테일 파티(Cocktail Party)

칵테일파티는 여러 가지 주류와 음료를 주제로 하고 오드볼(Hors d'oeuvre)을 곁들이면서 스탠딩(standing) 형식으로 행해지는 연회를 말하며, 테이블 서비스 파티나 디너 파티에 비하여 비용이 적게 들고 지위 고하를 막론하고 자유로이 이동하면서 자연스럽게 담소할 수 있으며 또한 참석자의 복장이나 시간도 별로 제약받지 않기 때문에 현대인에게 더욱 편리한 사교모임 파티다.

4. 조리기구 및 썰기 용어

1) 조리 기기 및 기물의 종류

(1) 조리 기기(Equipment)

· Gas Range W/Oven

· Salamander Broiler

· Griddle

· Braising Pan/Tilting Skillet

· Chacoal Broiler

· Convection Oven

· Rice Cooker

· Steam Cooker

· Heated Banquet Cabinet

· Under Counter Refrigerator

· Steam Kettle

· Potato Peeler

· Grinding and Chopping Machine

· Saw Machine

· Food Slicer

· Bread Slicer

· Floor Mixer

· Table Mixer

· Chopping Machine

· Robot Coupe

· Portion Machine

- Smoke Machine
- Vacuum Packing Machine
- Deep fryer
- Coffee Brew(Bunn Omatic)
- Juice Dispenser
- Waffle Baker
- Toaster
- Egro Coffe Machine
- Ice Cube Machine
- Rotary Oven
- Max Car
- Dish Washer
- Micro Oven
- Steam Tables & Heated Carters
- Dividing Mould
- Kitchen Wagon
- Smoke Box
- Meats Defroster
- Electric Scale

(2) 조리기물(Utensil)

- Can Opener
- Orange Squeezer
- Scale
- Universal Slicer
- Potato Slicer
- Potato Squeezer
- Pepper Mill
- Vegetable Strainer

· Roasting Pan

· Stew Pan

· Sauce Pan

· Deep Sauce Pan

· Sauteuse

· Soup Ladles

· Wire Whip

· Basting Spoon

· Measuring Cup

· Sugar Thermometer

· Scoop

· Round Flambee Pan

· Fry Pan

· Thick Fry Pan

· Crepe Pan

· Fine Mesh Sieve

· Frying Ladle

· Ice-Cream Disher

· Cheese Grater

· Roasting Thermometer

· Nesting Spoon

· Kitchen Fork

· Wood Flour Sieve

· Mixing Bowl

· Flower Shapes For Sugar

· Portion Cutter

· Assorted Ornamenters

· Rice Mould

- Wood Rolling Pin
- Muffin Frame
- Madelaine Bun Tray
- Savarin Tin
- Assorted Nozzles
- Metal Cake Divider
- Ornamenter Ring
- Fish Bone Picker
- Decorating Knifes
- Cake Turner
- Round Butcher Steel
- Egg Slicer
- Pastry Bay
- Spatulas
- Oyster Cracker
- Channel Knife
- Apple Corer Plate Scraper
- Parisienne Knife
- Ham Slicer
- Butter Scraper
- Potato Peeler
- Cheese Knife
- Bread Knife
- Cook's Paring Knife
- Fish Knife
- French Knife
- Meat Knife
- Narrow Cook Knife

- Chef Knife
- Bone Knife
- Tomato Corner
- Chinese Knife
- Cleaver
- Grapefruit Knife

칼의 각 부분별 명칭

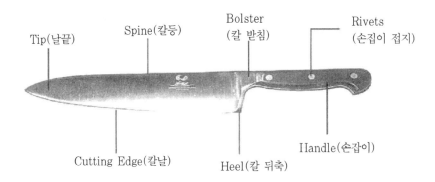

Tip(날끝)　Spine(칼등)　Bolster(칼 받침)　Rivets(손집이 접지)
Cutting Edge(칼날)　Heel(칼 뒤축)　Handle(손잡이)

칼의 종류

① **프렌치칼(French or Chef's Knife)** : 일반적으로 가장 많이 사용하고 있는 다목적용 칼로서 손잡이와 칼날을 포함하여 길이가 30~40cm 정도가 적당하다.

② **뼈 제거용 칼(Bonning Knife)** : 칼날의 길이가 짧고 두께가 얇으며 15~20cm 크기로 육류나 가금류의 손질 시 뼈와 살을 분리하기 위한 칼이다.

③ **생선 칼(Fish Knife)** : 생선의 뼈를 제거하여 살을 흐트러지지 않게 포를 뜨는 용도의 칼이며 칼끝이 매우 날카롭고, 손잡이와 칼날을 포함하여 길이는 30cm 정도이다.

④ **작은 칼(Paring Knife)** : 짧고 작은 칼로서 길이는 10cm 정도이며 당근 올리베트(Carrot Olivette), 양송이(Mushroom Fluting) 등 채소를 다듬을 때 주로 사용한다.

⑤ **로스트 비프 칼(Carving Knife)** : 리셉션이나 뷔페행사에 제공되는 로스트 비프 등을 조리사가 고객에게 직접 썰어 제공하여야 하므로 칼끝이 둥글게 처리되어 있는 것이 특징이다

⑥ **로스트 비프용 포크(Carving Fork or Meat Fork)** : 육류용 카빙(때로는 생선에도 쓰임) 나이프와 한 쌍을 이루는 포크이다.

⑦ **훈제용 생선 칼(Somke Carving Knife)** : 주로 훈제된 연어나 송어 등을 얇게 썰기 위한 칼로서 칼의 두께가 얇고 휘어지며 요리에 달라붙지 않도록 공기틈을 준 것이 특징이다.

⑧ **칼갈이 봉(Steel)** : 조리 중에 칼날을 임시적으로 세워 사용이 가능토록 하는 데 목적이 있으며 손잡이와 봉 사이에는 손을 보호하는 보호막이 있고 쇠봉의 결도 여러 가지가 있다.

⑨ **빵칼(Bread Knife)** : French Bread나 Rye Bread와 같이 표면은 부스러지듯 단단하고 속은 스폰지처럼 부드러운 빵을 썰기 위한 칼로 날카롭지만 톱날처럼 물결치는 칼날을 가지고 있다.

⑩ **제스터(Zester)** : 귤, 레몬, 오렌지, 라임 등의 껍질을 벗겨 요리의 재료로 사용할 때 쓰인다.

⑪ **껍질 벗기는 칼(Vegetable Peeler)** : 채소의 껍질을 벗길 때 사용한다.

⑫ **볼 커터(Melon Ball Cutter, Parisian Knife)** : 감자나 당근, 과일 등을 둥글게 잘라낼 때 사용한다.

2) 썰기 용어

· **Allumette(알뤼메트)** : 알뤼메트(allumette)란 작은 성냥을 뜻하는 말로서 성냥개비처럼 써는 것을 말한다.

· **Batonnette(바또네)** : 작은 막대기 같이 써는 것을 지칭한다. Sticks.

· **Brunoise(브리누아)** : 작은 주사위 모양으로 써는 방법인데 채소 써

는 데 가장 많이 이용하고 있다. 소스, 수프 등에 가르니튀르(garniture)로 이용됨.

- **Chiffonade(쉬포나드)** : 가는 실처럼 가늘게 써는 것
- **Concassé(콩까세)** : 가로, 세로 1.5㎝의 정사각형으로 얇게 써는 것
- **Cube(키브)** : 가로, 세로 1.5㎝의 주사위형으로 써는 것
- **Emincer(에멩세)** : 양파나 버섯을 썰 때 가장 많이 이용되는 방법이다. 우리 말로는 저민다고 할 수 있다.
- **Hacher(아세)** : 잘게 써는 방법을 말한다. 모든 식 재료를 다질 수 있다. 칼로 썰면서 짓이기지 말고 각이 지게 다져야 한다. 양파, 당근, 고기 등에 사용된다.
- **Jardiniere(자흐디니에)** : 샐러드에 많이 쓰이는 썰기 법이다. 주로 채소를 다듬는 데 사용한다. 너무 크지 않게 써는 것이 중요하다.
- **Julienne(쥬리엔)** : 가늘고 길게 5㎝ 길이로 채 써는 방법으로 당근, 무 등은 일단 slice-machine을 사용한 다음 칼질하면 빠른 시간에 많은 일을 처리할 수 있다. 파를 썰 때는 손을 조심해야한다.
- **Macédoine(마세두안)** : 과일 등을 1㎝~1.5cm 크기의 주사위형으로 써는 것. Fruit Salad에 이용한다.
- **Minestron(미네스트론)** : 가로, 세로 1.2cm의 크기, 두께 2mm의 정사각형
- **Olivette(올리베트)** : 올리브형
- **Parisienne(파리지엔)** : 둥근 구슬형
- **Paysanne(뻬이잔느)** : 채소를 잘게 써는 방법인데 수프에 가니(garni)로 많이 사용한다. 작은 조각모양으로 써는데, 때에 따라서는 1cm 삼각형이나 장방형으로 썰기도 한다.
- **Pont-Neuf(퐁느프)** : 가로, 세로 6mm 혹은 1.5~2cm 정도 크기, 길이 6cm로 길쭉하게 써는 것. French Fried Potatoes
- **Printanier(프랭타이에)** : 가로, 세로 3.5cm의 주사위형 또는 가로, 세로 1cm의 다이아몬드형
- **Rondelle(롱델)** : 둥글게 고리모양으로 중앙 부분에 구멍이 나도록 써는 것

· **Ruees(뤼스)** : 가로, 세로 5㎜, 길이 3㎝로 써는 것
· **Tourner(투르네)** : 돌리면서 모양을 내는 것. Boiled Potatoes, Champignon
  Tourné.
· **Tranche(트랑쉬)** : 고기 등을 넓은 조각으로 자르는 것
· **Chateau(샤토)** : 6㎝ 길이의 타원형
· **Cheveux(쉬브)** : 머리카락형
· **Cornet(코르네)** : 나팔형
· **Dice(다이스)** : Small, Medium, Large 크기로 써는 것
· **Noisette(누아제트)** : 지름 3㎝ 정도의 둥근형
· **Mirepoix(미르프와)** : 양파, 당근, 샐러리 등의 향채를 일정한 크기가
  없이 적당히 써는 것
· **Salpicon(살피콘)** : 작은 정사각형으로 써는 것
· **Troncon(트랑숑)** : 토막으로 자르는 것
· **Vichy(비쉬)** : 동전모양으로 가장자리를 다듬는 것

5. 기본 식재료

A

Abalone	전복
Acorn Jelly	도토리묵
Alfafa	알파파
Alba Fish	임연수어
Amber-jack	방어
Anchovy	멸치

Angler Fish	아귀
Apple Hong Ok	홍옥사과
Apple Mint	애플민트
Apricot	살구
Arch Shell	피조개
Artichoke	아티초크
Asparagus	아스파라거스
Avocado	아보카도

B

Baby Carrot	꼬마당근
Baby Chicken	영계
Baby Corn	아기옥수수
Baby Eggplant	아기가지
Bacon Slice	베이컨
Bamboo Shoot	죽순
Banana	바나나
Barley Pressed	눌린 보리쌀
Basil Sweet	바질
Bean curd	두부
Bean Kidney	강낭콩
Bean Paste Red	적된장
Bean Paste	된장
Bean Red	팥
Bean Sprout Green	숙주
Bean Sprout	콩나물

Bean White	흰 콩
Beef Base	쇠고기 다시다
Beef Bun	만두
Beet Root	사탕무
Belly Pork	삼겹살
Black Sea Laver Fresh	물미역
Black Sugar	흑설탕
Blood	선지
Boneless Ham	본래스햄
Bone Marrow	사골
Bone	뼈
Boar	멧돼지
Bracken	고사리
Brisket	차돌박이, 옆구리 살
Broccoli	브로콜리
Broiled Cockle Clam	꼬막조림
Brown Egg Jumbo	노란색 큰달걀
Brussel Sprout	부르셀 수프라우트
Buck Wheat Jelly	메밀묵
Buck Wheat Vermicelli	냉면
Bun Skin	만두피
Burdock	우엉
Butter Head Lettuce	버터 헤드 양상추
Butter	버터
Butterfish	병어
Butter Unsalted	무염버터

C

Cabbage Chinese	배추
Cabbage Red	적채
Cabbage Savoy	사보이 양배추
Cabbage Small	솎음배추
Cabbage Spring	얼갈이
Cabbage White	양배추
Carrot	당근
Cashew Nut	캐슈넛
Cauliflower	콜리플라워
Caviar	캐비어(철갑상어알)
Celery	샐러리
Chard	근대
Cherry	체리
Chervil	처빌
Chest Nut	밤
Chicken Leg	닭다리
Chicken Liver	닭간
Chicken	닭
Chicory	치커리
Chilli Bean Sauce	고추장
Chilli Oil	고추 기름
Chinese Noodle	당면
Chinese Parsley	향채
Chinese Paste	춘장
Chive	차이브

Chuck	어깨 등심
Chung Chai	청채
Chung Kyung Sai	청경채
Cinnamon Whole	통계피
Clam Base	조개 다시다
Clam Black	흑모시 조개
Clam Ccomak	꼬막
Clam Jaechi	재치 조개
Clam-L	대합
Clam-M	중합
Clam Short Necked	바지락
Clam-S	소합
Clam W/O Shell	조개살
Clam White	백모시 조개
Cockle	새조개
Cocktail Sausage	칵테일 소시지
Cod	대구
Cod Cutting	토막 대구
Cod Fillet	대구살
Cod Silver	은대구
Cod Whole	통대구
Coffee Cream	커피 크림
Corn Salad	콘 샐러드
Corn Tea	옥수수 차
Cow Rib	암소 갈비
Crab Claws	집게 다리살
Crab King	영덕게
Crab Meat	게살

Crab	게
Cream Sour	사워 크림
Croaker Fillet Frozen	민어살
Crown Daisy	쑥갓
Cucumber Flower	오이꽃
Cucumber	오이
Curd Residue	비지
Cuttlefish	오징어

D

Daso Kobu	특다시마
Dill	딜
Don-Namul	돈나물
Dried Anchovy	건멸치
Dried Barley Sprout	엿기름
Dried Bean Curd	건유부
Dried Beef	드라이 비프
Dried Bracken	건고사리
Dried Cod Fish Slice	대구포
Dried Cuttle Fish	오징어포
Dried Date	건대추
Dried Fish Slice	어포
Dried Kidney Bean	건강낭콩
Dried Persimmon	곶감
Dried Pollack Slice	북어포
Dried Pollack	북어

Dried Pork	드라이 포크
Dried Sea Laver	김
Dried Ice	드라이아이스
Dried Egg	건조란
Duckling	집오리새끼

E

Eel	뱀장어
Eggplant Flower	가지꽃
Eggplant	가지
Endive	앤다이브

F

Fat Bag	내장 기름
Fatsia Shoot	두릅
Fat Pork	비계
Feet Pork	족발
Femented Soy Bean	청국장
Female Live Crab	활암꽃게
Fennel	휀넬
Flounder	가자미
Flying Fish	날치
Fresh Cream	생크림
Fresh Milk	우유

Fresh Water Eel	민물장어
Fresh Yeast	생이스트
Fresh Bean Curd	이나리 유부
Frog Leg	개구리 다리
Fruit Yoghurt	과일 요구르트

G

Garlic Wild	달래
Garlic Young Green	풋마늘
Garlic	마늘
Garden Cress	가든냉이
Ginger	생강
Ginkgo Nut	은행
Ginseng	인삼
Globe Fish	붕어
Glutinous Mullet	차조
Glutinous Sorghum	차수수
Grape Black	포도
Grapefruit	자몽
Grape Green	청포도
Grape King	거봉
Green Bean Jelly	청포묵
Green Bean	청대콩
Green Peas	완두콩
Green Vitamin	그린 비타민
Grouper Black	흑능성어

Grouper Red   능성어

H

Hair-Tail   갈치
Hake Fillet   대구살
Hake King Clip   대구
Halibut, Flatfish   광어
Herring   청어
Herring Roe   청어알
Hot Bean Sauce   두반장

I

Ice Block   조각용 얼음
Ice Fish   뱅어
Intestine   내장

J

Italian Parsley   이태리 파슬리
Jasmin Tea   쟈스민차
Jellyfish   가자미
Jia Sai   짜사이
Jia Jang   자장

K

Kaiware	무순이
Kampyo	박고지
Kelp	다시마
Kidney	콩팥
Kimchi, Chinese Cabbage	배추김치
Kimchi, Cucumber	오이김치
Kimchi, Water	물김치
Kimchi, White	백김치
Kimchi, Altari	알타리김치
Kimchi, Yelmoo	열무김치
King Fish	삼치
King Live Prawn	활차새우
King Prawn	왕새우
Kinomea	기노메아
Kiwi	키위
Kkak Du Ki	깍두기
Knee Bone	도가니
Knuckle	보섭살
Konnyaku Pan	판곤약
Konnyaky Thin	실곤약
Korean Noodle	전골용 국수
Kuansh(Lily)	원추리(나리)
Kukija-Tea	구기자차
Kumquat-King Kang	금귤

L

Langoustine	민물가재
Laver	김
Laver Slices Roast	김가루
Leek Chinese	중국 부추
Leek Korean	조선 부추
Leg of Pork	돼지다리
Lemon Balm	레몬밤
Lemon	레몬
Leopard Plant	취나물
Lettuce Iceberg	잎이 양배추 모양인 양상추
Lettuce Korean Red	적상추
Lettuce Korean	잎상추
Liver	간
Lobster Tail	바닷가재 꼬리
Lobster	바닷가재
Loin	등심
Loin Ham	로인햄
Lotus Root	연근
Low Fat Milk	저지방 우유

M

Mountain Taro	산마
Mackerel Horse	아지

Mackerel Pike	꽁치
Mackerel	고등어
Marjoram	마조람
Malva	아욱
Masiu	마슈
Mat Sal	맛살
Meajuso	메지소
Megaboo	메가부
Melon Musk	머스크 메론
Melon Water	수박
Melon White	백설
Mishba	미츠바
Milk	우유
Miru Gai	미루가이
Mong Bean Peeled	거피녹두
Mud Fish	미꾸라지
Mullet Red	참숭어
Mustard Green	겨자잎
Mushroom Agaric	느타리버섯
Mushroom Black Agaric	흑느타리버섯
Mushroom Monkey	목이버섯
Mushroom Pine	송이버섯
Mushroom Pyogo	표고버섯
Mushroom Winter	팽이버섯
Mushroom Champignous	양송이버섯
Mussel Black	홍합
Mustard Leaf	청갓
Mustard Powder	겨자 가루

| Mustard Seed | 겨자씨 |
| Mustard | 겨자 |

N

Neck Loin	목등심
New Sugar	뉴슈가
Noodle Fine	소면
Noodle Thin	손수면

O

Obokchai	오복채
Oboro	오보로
Octopus(Small)	낙지
(Chestnut) Octopus	문어
Okra Green	청오크라
Okra Red	홍오크라
Onion Green	대파
Onion Spring	실파
Onion	양파
Orange Fillet	오렌지 살
Oregano	오레가노
Ox Rib	갈비
Ox Tail	꼬리
Ox Tongue	우설

| Oyster | 생굴 |

P

Parsley Korean	미나리
Parsley	파슬리
Peach White	백도
Peach Yellow	황도
Pear	배
Peffer	복어
Pen Shell	키조개
Pepper Green	청고추
Pepper Leave	고추잎
Peppermint	페퍼민트
Pepper Red	홍고추
Pepper Twist	꽈리고추
Persimmon	감
Petit Tomato	패티 토마토
Pheasant	꿩
Pickled Garlic	마늘장아찌
Pickled Ginger Slices	초생강
Pickled Onion Peeled	락교
Pickled Pepper	고추장아찌
Pickled Yellow Turnip	단무지
Pickled Onion Peeled	방울양파
Pimento Green	청피망
Pimento Red	홍피망

Pine Apple	파인애플
Pine Mushroom	연송이
Pine Nut	잣
Plaice	가자미, 넙치
Plain Yoghurt	플레인 요거트
Platry Codon	도라지
Plum	자두
Pollock	동태
Pomflet	병어
Pond Smelt	빙어
Pork Chipolata	포크 치폴라타
Pork Sausage	포크 소시지
Potato Flour	감자 전분
Potato Small	소감자
Potato Sweet	고구마
Potato	감자
Pumpkin Yellow	늙은 호박

Q

Quail Egg	메추리알
Quail	메추리

R

Rabbit	토끼

Radichio	라디치오
Radish Red	레디쉬 래드
Rainbow Radish	레인보우 레디쉬
Rainbow Trout	무지개 송어
Rape Young Leave	유채잎
Raspberry	산딸기
Red Chicory	래드 치커리
Red Onion	래드 오니온
Red Pepper Powder	고춧가루
Ribeye	립아이
Rib	갈비
Rice Cake	떡
Rice Cookies	약과
Rice Sticky Flour	찹쌀가루
Rice Pepper Powder	삼광 파우더
Roasted Sesame Seed	볶은 참깨
Rock Fish	삼숙이
Root of Bellflower	도라지
Romaine Lettuce	로메인 레터스
Rosemary	로즈마리
Round Fresh Beef	육회용 방심
Round Beef	방심
Royal Fern	고비나물

S

Sage	세이지

Saladana	사라다나
Salami	살라미
Salmon Roe	연어알
Salmon	연어
Salted Anchovy Liquid	멸치액젓
Salted Anchovy	멸치젓
Salted Clam	조개젓
Salted Croaker	황새기젓
Salted Cuttle Fish	오징어젓
Salted Entrains	해삼젓
Salted Oyster	어리굴젓
Salted Pollack Intestine	창란젓
Salted Pollack Roe	명란젓
Salted Sea Arrow	꼴뚜기젓
Salted Shrimp	새우젓
Salt Table	맛소금
Sardine	정어리
Saury	꽁치
Savoy Cabbage	사보이 캐비지
Scallop	관자, 가리비
Sea bass	농어
Sea-Bream	돔
Sea Bream Black	흑도미
Sea Bream Live	활도미
Sea Bream Ok Dom	옥도미
Sea Bream Red	적도미
Sea Cucumber(Fresh)	해삼
Sea Cucumber Intestine	해삼창젓

Sea Eel	바닷장어
Sea Laver	김
Sea Squirt	멍게
Sea Tangle Dried	다시마
Sea Urchin	성게알
Sea Weed	바다풀
Sesame Black	흑깨
Sesame Leave	깻잎
Sesame Whole	통깨
Shad	전어
Shallot	작은 양파
Shank	사태
Shellfish	갑각류, 조개류
Shepherd's Purse	냉이
Shiso	시소
Shoulder	앞다리
Shrimp	새우
Shrimp Baby	시바새우
Shrimp Breaded	빵새우
Shrimp Roe	새우알
Shrimp Tiger	대하
Skate Ray	홍어
Slice Cheese	슬라이스 치즈
Small Fish	전갱어
Smelt	빙어
Smoked Pork Feet	훈제족발
Snail(Escargot)	달팽이
Snip Fish	학꽁치

Soda	식용 소다
Soybean Milk	두유
Sole	서대
Sole-L	용서대
Sole-S	박대
Sorrel	쏘렐
Sowthistle	씀바귀
Soy Sauce	간장
Spearmint	스피어민트
Spinach	시금치
Spinach Mackerel	삼치
Squash	호박
Squash Leave	호박잎
Squash Long	조선 애호박
Squash Sweet	단호박
Squid	오징어
Squid Whole	갑오징어
Starch Vermicle	당면
Stingray	가오리
Stomach	소 양
Striploin	채끝
Styela Clava	미더덕
Sudkling Pig	어린 돼지
Sunfish	개복치
Sushi Age	유부
Sushi Gari	초생강
Sushi Nori	초밥김
Sweet Fish	은어

Swimming Crab	꽃게
Swordfish	청새치

T

Tangerine	귤
Tarragon	타라곤(물쑥)
Taro	토란
Tenderloin	안심
Tiger Prawn	보리새우
Thyme	타임
Todok Root	더덕
Tomato Cherry	체리 토마토
Tomato Italian	이태리 토마토
Tomato	토마토
Top Shell	소라
Tosakanori	도사까노리
Tripe	천엽
Trout	송어
Truffle	송로버섯
Tsubozuke	단무지
Tuna	참치
Tuna Flake	가쓰오부시
Tuna Maka	마까
Tuna Toro	도로참치
Turban Shell	소라 고둥
Turbot	멍게

Turnip Altari	알타리무
Turnip Korean	무
Turnip Spring	열무
Turtle Fresh Water	자라

U

Umeboshi	우매보시
Usui Dai	우수이 다이

V

Veal Chipolata	빌 치폴라타
Veal Sausage	빌 소시지
Vegetable Flower	채라
Venison	사슴고기
Vienna Sausage	비엔나 소시지
Vinegar	식초

W

Walnut	호두
Water Cress Flower	워터크레스 꽃
Water Cress	물냉이
Whale	고래

Wheat Flour	박력분
Wild Boar	멧돼지
Wild Grape	머루
Wild Onion	달래
Wormwood	물쑥

Y

Yam	마
Yellow Cherry Tomato	노란 방울토마토
Yellow Onion	옴파
Yellow Squash	노란 호박
Yellow Tail	방어
Yellow Turnip	단무지

Z

Zucchini	쥬키니 호박

6. 조미료와 향신료

1) 조미료

(1) salt

(2) sugar

(3) vinegar

· 포도주 발효 식초(wine vinegar)

· 사과즙 발효 식초(cider vinegar)

· 곡류 발효 식초(malt vinegar)

(4) Wine

· White Wine	생선, 조개류, 새우요리
· Red Wine	쇠고기와 같은 붉은 색의 고기요리
· Sherry	적색의 고기요리
· Brandy	닭고기류, 고기류에 다른 술과 같이 쓰임

(5) Tomato 가공품

· Tomato Puree	잘 익은 토마토를 끓여서 걸러 받친 것
· Tomato Paste	토마토 퓨레를 1/3로 농축시킨 것
· Tomato Ketchup	퓨레와 향신료, 소금, 식초, 설탕 등을 첨가하여 졸임
· Tomato Sauce	퓨레와 페이스트를 섞어 버터, 육수, 소금, 후추, 양파, 마늘 등을 넣어 되직하게 만든 것

(6) Salad Oil

(7) Butter

(8) Margarine

(9) Shortening

(10) Lard

(11) Cheese

2) 향신료(Spices)

향신료는 여러 종류의 방향성 식물의 뿌리, 열매, 꽃, 종자, 잎, 껍질 등에서 얻어지며 독특한 향기와 맛을 갖고 있어 음식의 맛과 향을 증진시킬 뿐만 아니라, 생선류나 수조육류 등의 냄새제거에 좋으며 방부제의 역할도 한다.

· **Allspice(올스파이스)** : 피망토(pimento), 피만타(pimenta), 자메이카 페퍼(Jameica pepper)로 잘 알려져 있으며 검붉은 갈색에서부터 노르스름한 열매가 직경 6cm까지 크고 흑갈색의 씨를 가지고 있다. 방향과 풍미는 정향, 넛맥, 시나몬과 같은 향료와 비슷하다. 소시지, 생선, 피클, 디저트 조리에 사용된다.

· **Anise(회향)**

· **Caper(케이퍼)** : 잡목의 꽃봉오리이며, 열매는 크기에 따라 분류하며 제일 작은 것은 질이 좋은 것이고 큰 것은 질이 좋지 않은 것으로 구분하고 있다. 이것은 소금물에 저장했다가 물기를 빼서 식초에 담는다. 요리가 끝난 다음 첨가하는 경우가 많다.

· **Caraway(케러웨이)**

· **Cardamom(카다몬)**

· **Cayenne(카엔 : 고춧가루의 일종)**

· **Celery Seeds(셀러리 씨)**

· **Chilli Pepper(칠리 고추)**

· **Cinnamon(계피)** : 시나모뭄과(cinnamomum)나 상록수과에 속하며 건조시킨 나무껍질에서 만든다.

· **Clove(정향)** : 원산지가 인도네시아인 열대식물의 덜 익은 꽃봉오리를 따서 건조시킨 것이다. 클로브 단어의 어원은 프랑스 말로 클로우(clou), 즉 손톱이나 못이란 뜻이다. 선홍색의 꽃봉오리를 대나무로 따서 불결이나 햇볕에서 말린다. 못같이 생긴 클로브는 흑갈색이며 강한 방향 성분과 얼얼한 맛의 특징을 가지고 있다.

· **Coriander(코리엔더, 고수)** : 남유럽, 지중해 연안이 원산지로 미나리과에 속하는 일년초이다. 미나리와 아주 닮은 잎으로 줄기와 어린 잎에서

노린재와 비슷한 독특한 냄새가 있는데 사람에 따라서 악취로 느낄 수도 있다. 성숙하면 방향이 변화하는데 중국, 인도 등 동남아시아의 여러 나라에서 스파이스로 중요하게 사용되고 있다. 녹색의 종자가 담갈색으로 변할 때쯤 꽃봉오리를 수확하여 통풍이 좋은 응달에 매달아 말린다.

· **Cumin(커민)**

· **Curry Powder(커리가루)** : 인도에서 생산된다. 커리는 엄격한 종교형식과 전통에 따라 몇 가지의 가루로 된 것을 섞어서 쓴다. 주요 향료는 터메릭, 코리엔더, 생강, 페누그리, 케러웨이, 후추, 파프리카 등 12가지 이상을 섞는다. 커리는 달콤하며 혼합이 잘되고 순한 향을 가지고 있으며 맑은 노란색이다.

· **Dill Seed(elf 씨드)**

· **Ginger(생강)**

· **Mace(육두구)** : 육두구의 겉껍질을 말려서 만든 향미료

· **Mustard(겨자)** : 채소로 사용되는 잎은 날것으로 먹기도 하고 열을 가하기도 한다. 하지만 다양하게 사용하는 것은 머스터드 씨이다. 밝은 밤색으로 갈아서 사용하며 터메릭, 식초, 포도당, 소금 등을 넣어 순한 맛을 만들어낸다. 디존(Dijon)의 머스터드의 경우 허브와 백포도주를 섞어서 톡 쏘는 맛이 나지만 끝 맛은 부드러운 것이 특징이다.

· **Nutmeg(넛맥)** : 육두구의 종자로 열대 상록수의 복숭아와 비슷한 열매이며, 속살이 많고 껍질과 핵 사이에 불그스레한 황색으로 덮여있다. 알맹이로 혹은 분말로 구입한다.

· **Paprika(파프리카)**

· **Pepper(후추)**

· **Whole Pepper(통후추)** : 덜 익은 후추종을 외피가 주름지고 검은색으로 변할 때까지 태양 밑에서 말린다. 흰 후추보다 훨씬 맛이 강하다.

· **Pepper corn white(흰 통후추)** : 페퍼콘이라는 열매가 완전히 익어 붉게 되었을 때 수확하여 발효시키고 외피를 씨와 분리하여 조그만 흰색 씨를 말린 것으로 검은 후추보다는 덜 맵다.

· **White Pepper(흰 후춧가루)**

· **Black Pepper(검은 후춧가루)**

· **Green Pepper** : 덜 익은 녹색 페퍼콘을 절인 것이다.

· **Poppy Seed(양귀비 씨)**

· **Saffron(샤프론)** : 세계에서 가장 비싼 향신료로 유명하다. 아시아가 원산지이고 스페인, 프랑스, 이탈리아에서도 재배된다. 꽃을 손으로 따서 주의 깊게 분류를 하며 매우 강한 노란색을 띠고 맛은 특이하게 순하고 쌉쌀하면서도 단맛이 나며 생선소스, 수프, 쌀요리, 감자요리, 빵, 페스트리 등에 이용된다.

· **Sesame Seed(참깨)**

· **Tumeric(심황)**

· **Vanilla(바닐라)**

3) Herbs

향초는 방향성 식물의 잎뿐만 아니라 줄기, 꽃, 열매, 씨, 뿌리까지도 신선한 그대로 사용하거나 말려서 음식의 맛을 더해 주는 데 이용된다. 허브는 고대인들에게 약초로서 큰 힘을 발휘하였고, 이집트에서는 미이라를 만들때 부패를 막고 초향을 유지하기 위해 많은 스파이스와 허브를 사용하였다. 인도에서는 홀리 바질(Holly Basil)을 힌두교의 성스러운 허브로 "천국으로 가는 문을 연다."고 믿어 죽은 사람 가슴에 홀리 바질잎을 놓아둔다. 약용으로 이용되던 허브가 아로마테라피(Aromatheraphy)라는 방향요법이 정착되면서 중세에는 허브 가든을 만들어 재배하였다. 현대에는 약효, 건강, 방향, 장식품 등으로 다양하게 생활에 이용되고 있다. 허브는 푸른 풀을 의미하는 라틴어 '허바(Herba)'에 어원을 두고 있는데 '꽃과 종자, 줄기, 잎, 뿌리 등이 약, 요리, 향료, 살균, 살충 등에 사용되는 인간에게 유용한 초본 식물'이라고 정의를 내린다. 우리나라에는 창포와 마늘, 파, 고추, 쑥, 익모초, 결명자 등을 모두 허브라고 할 수 있다.

· **Angelica(안젤리카)**

· **Basil(바질)** : 원산지는 동아시아와 중앙 유럽이고 민트과에 속한다. 일

년생 식물로 높이 45cm까지 자라고 꽃과 잎은 오랫동안 요리에 사용되어 왔다. 엷은 신맛을 내며 정향을 닮은 달콤하면서도 강한 향기가 있어서 잎을 뜯기만 하여도 공기 중에 향이 퍼진다. 생선과 고기 요리, 수프, 소스, 샐러드, 토마토 식품과 피클에 풍미를 부여하는 데 이용된다.

· Bay leaf(월계수 잎) : 잎사귀를 건조시켜 사용하며 암녹색이며 길이는 5~10cm이다. 건조시키면 올리브녹색으로 변하며 얼얼한 맛과 특이한 향미가 있어 많은 요리에 이용된다.

· Chervil(쳐빌) : 정원초로 아주 강한 방향성을 가진 잎사귀와 북미산 솔나무 같은 꽃을 가지며 순한 파슬리의 향을 낸다. 신선한 쳐빌은 수프나 샐러드에 이용되고 건조시킨 쳐빌은 소스의 양념과 양고기 구이에 사용된다.

· Chive(차이브) : 유럽, 미국, 러시아, 일본 등에 널리 퍼져 있으며 부추와 같은 속이다. 선녹색을 띠고 관모양으로 생겨 잎사귀는 다져서 쓰며 가니쉬로 이용하고 샐러드, 생선 요리, 수프 등에 이용한다.

· Garlic(마늘)

· Marjoram(마조람, 꽃박하) : 달콤하면서도 아린 맛을 내며 잎사귀나 분말 마조람으로 판매한다.

· Mint(박하)

· Oregano(오레가노) : 멕시코, 이탈리아, 미국이 원산지이며 박하과의 한 종류로 방향성이 강하고 상쾌한 맛을 가진다. 건조시킨 잎사귀는 흐릿한 녹색을 가진다. 피자나 파스타 같은 이탈리아 요리와 멕시코 요리에 이용된다. 또한 칠리파우더의 한 재료이기도 하다.

· Parsley(파슬리) : 잎사귀는 대개 고부라지고 쪼개져 있으며 밝은 녹색이다. 특이한 방향성분은 잎과 꽃술에 있는 휘발성기름 때문이다.

· Rosemary(로즈메리) : 상록수로 솔잎과 모양이 비슷하며 진한 녹색의 잎을 가진 키 큰 잡목이다. 로즈메리의 잎이나 분말가루로 구입할 수 있다. 신선한 것이나 건조시킨 것으로 고기, 가금요리와 샐러드에 향을 내는 데 이용한다. 스튜나 수프에도 이용한다.

· Sage(세이지) : 육류 가공에 쓰여 '소시지'라는 이름을 유래시킨 허브로

줄기, 잎, 꽃 등을 이용하며 육류 요리, 내장 요리, 햄 요리 등 동물성 식품을 요리할 때 쓰면 느끼함을 덜어주고 소화도 촉진시킨다. 각종 소스나 방부제 방향제로 쓰이며 미용, 염색 등에도 쓰인다. 특히 세이지를 우린 물은 치아건강에 좋다.

· **Savory(세이보리)**

· **Tarragon(타라곤)** : 유럽이 원산지이며 러시아와 몽고에서 재배되는 정원초이다. 다년생 초본으로 잎이 길고 얇으며 올리브색이고 꽃은 작고 단추와 같은 모양을 하고 있다. 이 잎은 피클, 수프, 샐러드, 소스에 이용되고 타라곤식초 제조에 쓰인다.

· **Thyme(타임)** : 원래는 지중해성 식물인데 요즈음 프랑스, 스페인, 유고, 체코, 영국, 미국 등지에서도 재배된다. 이 초본은 조그맣고 방향성이 있고 둥글게 말린 잎은 불그스레한 라일락 색이다. 음식과 같이 넣어 요리한다.

· **Horseradish(서양 고추냉이)** : 겨자과의 관상용 식물과의 한 종류이며 중앙유럽과 아시아가 원산지이다. 갈황색 뿌리의 길이는 대략 45cm이고 뿌리와 내부는 회색을 띤 흰색이다. 특이한 풍미가 매우 강하고 얼얼하다. 뿌리는 껍질을 벗겨서 식초와 우유를 갈아 넣고 끓인다. 신선한 호스레디쉬는 강판에 갈아서 소스와 생선, 고기 요리에 사용한다. 날것과 건조된 형태로 구입한다.

7. 조리법에 따른 용어

· **데치기(Blanchir, Blanching)** : 액체를 이용한 조리방법으로 채소 등을 끓는 물에 순간적으로 넣었다가 건져 흐르는 찬물에 식히는 조리방법으로 삶은 조리법과 비슷하다.

· **삶기(Pocher, Poaching)** : 액체를 이용한 조리법으로 70℃~80℃의 온도에서 서서히 익히는 것을 말한다. 달걀이나 생선 등을 비등점 이하

에서 물이나 스톡에서 끓여 단백질 유실이 일어나지 않게 하며, 건조하
고 딱딱함을 방지하며 천천히 조리하여야 한다.

· **끓이기, 삶기(Bouiller, Boiling)** : 끓이는 방법은 100℃의 액체 중에
서 가열하는 조리법을 말하며 가열 중 식품을 연하게 하고 맛이 들게
된다. 서양의 브레제, 포셰 등이 우리의 끓이기에 포함된다.

· **순간볶기(Sauté, Sautéing)** : 기름을 이용한 조리법인데 160~240℃에
서 소테 팬(sauté pan)을 자주 흔들고 돌리면서 조리한다. 소테 요리법은
요리가 생기기 시작하면서부터 나온 요리법으로 쉽고 맛있는 요리를 만
드는 조리법 중 하나이다. 소테는 세 가지의 맛이 합쳐지는 것인데 팬의
기름 맛, 철판의 맛, 식품에서 나온 즙 맛이 조화 있게 합쳐져야 한다.

· **튀기기(frire, deep fat frying)** : 튀기는 조리법은 고온의 기름 속에
서 식품을 가열하는 조작이며 열전도는 기름의 대류열에 의한 것이다.
식품은 고온 기름 속에서 단시간 처리하므로 영양소나 열량이 증가되
고 기름의 풍미가 첨가된다. 수분, 단맛의 유출을 막고 기름을 흡수함으
로써 풍미를 더해준다.

　쇼트닝, 버터, 기름을 이용하여 튀기는 조리방법으로 140℃~190℃가
좋고 주로 육류, 채소, 생선조리에 이용한다. 조리하지 않을 때는 93℃
가 되도록 맞추었다가 조리할 때 온도를 높인다.

· **석쇠나 철판굽기(griller. broiling/grilling)** : 기름이나 물 같은 것
을 이용하지 않고 불에 직접 열을 가해 굽는 방법으로 주로 석쇠, 철판을
이용한다. 석쇠나 철판을 달구어 음식이 붙지 않게 구워야 하는데 육류
는 줄무늬가 나도록 굽는다.

· **그라탱(gratiner, gratinating)** : 요리의 마무리 조리방법으로 직접
열을 이용한다. 음식물의 표면이 지방이거나 지방이 함유된 버터, 베샤
멜 치즈, 달걀 노른자 등을 뿌려 표면에 색을 내거나 조리할 필요가 있
을 때 샐러맨더(salamander)나 오븐 속에서 이루어지는 것이다. 이 때
불의 온도는 250℃~300℃가 적당하다. 이러한 방법으로 감자 그라탱,
파스타, 생선 요리 등을 만든다.

- **로스팅(Rotir, Roasting)** : 서양 요리를 만드는 대표적인 조리법인데 간접열을 이용해 물이나 뚜껑 없이 굽는 방법이다. 불어로 '로티(roti)'라고 하고 우리말로 '오븐굽기' 정도로 부르면 된다.

- **오븐굽기(Cuire au four, Baking in the oven)** : 오븐의 공기대류현상을 이용한 간접 열 조리방법으로 170℃~240℃의 온도에서 이루어진다.

- **브레이징(Braiser, Braising)** : 찜과 비슷한 조리법으로 간접열을 사용한다. 오븐 속에서 낮은 온도로 가열하는데 소스나 채소에 육류, 생선을 넣고 뚜껑을 닫고 끓이는 상태로 소스가 자작자작한 것이다.

- **글레이징(Glacer, Glazing)** : 글레이징 요리는 한식에는 거의 없고 서양 요리 조리법 중에만 있는 특이한 것으로 샐러맨더(salamandre)나 오븐에 넣어 색을 내게 한다든지 윤기가 반짝반짝 나게 하는 조리법이다. 글라세(glacer)가 불어로 얼음을 뜻하므로 얼음과 같이 윤이 나야 한다. 당근, 무, 작은 양파에 이용되는 조리법이다.

- **푸왈레(Poelage, Poeler)** : 이 조리법은 140℃~210℃의 오븐에서 뚜껑있는 팬을 이용하여 많은 양의 버터 속에서 고기를 조리는 방법으로 오븐 속에서도 계속 버터를 발라가면서 조리하다가 뚜껑을 벗기어 색깔을 낸 다음 고기와 브라운스톡, 와인을 따로 분리시켜 조린다.

- **스튜(Étuver, Stewing)** : 고기, 채소 등을 썬 다음 기름에 Saute한 후 그레이비나 브라운 스톡을 넣어 뚜껑을 덮어 낮은 온도에서 걸쭉하게 간접열로 익힌다. 주로 생선, 채소, 과일, 육류 등인데 120℃~40℃ 정도가 바람직하다. 브레이징보다 낮은 온도에서 이루어진다.

- **전자오븐(Microwave)** : 초단파 전자오븐으로 고열로 짧은 시간에 조리할 때 사용되는 방법이다. 이것은 동시에 내외부가 같은 열로 투시되면서 조리되기 때문에 빨리 되나, 금속제를 그릇으로 사용해서는 절대 안 된다. 초단파가 금속제에 반사되어 음식이나 인체에 해를 끼친다.

- **진공포장요리(Vacuum Cooking)** : 요리를 진공포장해서 조리하는 방법이다.

8. 소스의 분류

(1) 색에 의한 소스 분류

Demiglace(갈색) (모체 소스)	Veloute(블론드색) (모체 소스)	Bechamel(흰색) (모체 소스)	Tomato(적색) (모체 소스)	Hollandaise(노란색) (모체 소스)
갈색 육수를 주재료로 만든 소스인데 데미그라스, 에피파눈, 브라운소스, 퐁드보 등을 모체로 사용하고 있음	흰 육수를 이용한 소스로 닭, 생선 등에 많이 이용됨	흰색 루에 우유를 주재료로 한 흰색 소스인데 생선, 채소에 많이 이용됨	토마토를 주재료로 이탈리아 요리에 많이 이용되고 돼지고기에도 많이 사용됨	노른자와 기름을 주재료로 한 소스인데 생선, 채소 등에 많이 이용됨
파생 소스	파생 소스	파생 소스	파생 소스	파생 소스
Bordelaise/Bordeaux Caper Chauteaubriand Bigarade Port Financier Zingara Gastronome Forestiere Truffle Herb Champignons Parisienne Poireaux Poivarade Tarragon Duxelles Hunter Italian Madeira Pepper Diane Colbert Marrow Wine Merchant	llenmande Supreme Albufera Aurora Dill Normande Curry Ivoire Hungarian Toulouse Poulette Villeroi Chive Horseradish	Cardinal Mornay Cream Leek Mustard Horseradish/Raifort Nantua Chantilly Aurora Soubise Anchovy Bercy Caper Chaud-froid Diplomat Fines Herbs Lobster Normandy Oyster Riche Shrimp Victoria	Creole Spanish Milanese Byron Italienne Portugese	Choron Bearnaise Magenta Mousseline Maltaise Palois Rachel

(2) 주재료에 의한 소스 분류

① 유지소스

분류	주재료	모체소스	파생소스
식용유 소스 (huil-oil)	달걀 노른자(egg yolk)	마요네즈(mayonnaise)	안달주스 소스 (andal sauce) 타르타르(tartare)
	식초(vinegar)	비네그레트(vinaigette)	식초 소스(vinaigatle) 프렌치(french)
버터 소스 (beurre-butter)	버터(butter)	홀란데이즈 소스 (sauce hollandaise)	무스린(mousseline)
		베어네즈 소스 (sauce bearnaise)	쇼롱(choron)
		뵈흐블랑(beurre blanc)	뷔흐후츠(bevrre rouge)

② 육수소스

분류	주재료	주기본소스	모체소스	파생소스
갈색 육수 소스 (fond brunbrown stock)	갈색 송아지 소스 (fond de veau brunveal Brown stock)		갈색 송아지육 소스 (fond de veau brun lie espagnole)	데미그라스(demi-glace) 샤슈르(chasseur) 짐가라(zimgara) 마데라(madera) 보들레르(bardelaise)
	흰색 송아지 육수 (fond de veau blanc)	기본육 소스 (veloute de veau)	알망드 소스 (sauce allemande)	까르프(capres) 샴피뇽(champognons)
흰색 육수 소스 (fond blanc white stock)	닭 육수 (fond de velaille)	기본 생선 소스 (veloute de poisson)	슈프림 소스 (sauce supereme)	아이보리(ivoire) 풀레소스(poulette)
	생선 육수 (fumet de poisson)	기본 생선 소스 (veloute de poisson)	백포도주 소스 (sauce vin blance)	노르만디(Normande) 낭트아(Nantua)
토마토 소스 (tomatoes)	농축 토마토 (tomatoes)		토마토 소스 (sauce tomato)	토마토 퐁듀 (tomato fondue) 이탈리안 소스(Italienn) 토마토소스(tomatoes)
우유 소스(lait)	우유(milk)		베샤멜 소스 (sacuce bechmel)	크림 소스(cream) 모네이 소스(mornay)

③ 당도가 있는 소스

분류	주재료	모체소스	파생소스
크림 소스(cream)	난황, 우유, 크림, 설탕 (egg yolk, milk)	앙글레즈 소스 (cream al` anglaise)	바닐라(vanilla) 사비용(sabayou)
리큐르 소스(liqueur)	리큐르	시럽 소스(syrup)	오렌지(orange)

조리의 계량과 조리온도

1) 조리의 계량

재료를 정확하게 계량하는 것은 과학적인 조리의 기본이 되는 것으로 조리의 계량은 매우 중요하다고 할 수 있다.

계량단위는 우리나라에서는 주로 미터법을, 서양에서는 파운드법을 사용해 왔는데 서양에서는 조리 시에 사용되는 계량 단위의 종류가 무게, 부피, 길이 등에 따라 매우 다양하다. 예를 들어 무게(Weigh)를 나타내는 단위는 그램(Gram), 온스(Ounce), 파운드(Pound) 등이 있고, 부피(Volume)는 티스푼(Teaspoon), 테이블스푼(Tablespoon), 컵(Cup), 갈론(Gallon), 쿼트(Quart) 등이 사용되고 있다.

계량에 사용되는 기구로는 마른 재료용(Dry Measuring cups), 액체용 계량컵(Liquid Measuring cups), 주방저울(Portion scale) 등이 있고, 계량컵의 경우 우리나라에서는 200cc 용량의 것을 사용해 왔으나 여기에서는 서양을 기준으로 하여 1C을 240cc로 하였다.

재료 계량 시 고려할 점은 다음과 같다.

① 무정형(無定形)의 고체로 된 것은 중량으로, 가루나 액체로 된 것은 체적으로 측정한다.

② 밀가루와 같은 분말류는 체에 쳐서 가볍게 계량컵에 담고 표면을 직선

이 되게 칼등으로 깎아 내어 계량한다.

③ 설탕, 소금, 베이킹파우더 등의 마른 재료는 덩어리가 없도록 하고 가볍게 계량컵에 담고 계량하며 황설탕은 꼭꼭 눌러 담아서 계량한다.

④ 버터, 마가린 등의 유지는 계량컵에 꼭꼭 눌러 담고 표면을 평평하게 칼등으로 깎아 내어 계량한다.

⑤ 우유, 식용유 등의 액체는 눈금이 있는 유리 계량기구에 담고 눈높이에서 측정한다.

2) 분량측정

① 단위의 약자 표시

each(개, 개수) = ea

kilogram(킬로그램) = kg

pinch(조금, 약간) = ph

pound(파운드) = lb

tablespoon(큰 스푼) = Tbsp

bundle, bunch(나발, 묶음) = bn

gram(그램) = gr

milliter(밀리리터) = mℓ

slice(슬라이스) = sl

ounces(온스) = oz

teaspoon(작은 숟가락) = ts

liter(리터) = lt

piece(조각, 쪽) = pc

clove(조각, 쪽) = cl

cup(컵) = C

② 주요 도량형 환산방법

3티스푼(Teaspoon = tsp) = 1테이블스푼(Tablespoon = Tbs)

16테이블스푼(Tbs) = 1컵(Cup = C)

1온스(Ounce = dz) = 1/8컵(Cup) = (2Tsp)

1컵(Cup) = 8온스(oz) = 48(tsp)

2컵(Cups) = 1파인트(Pint) = (16oz)

4컵(Cups) = 1쿼터(Quart) = (32oz)

16컵(Cups) = 1갤런(Gallon) = (128oz)

③ 액체와 중량 미터 전환방법

1 온스(Ounce = oz) = 28.325그램(Grams = g)

1 파인트(Pint=lbs) = 0.45킬로그램(kilograms = kg)

1 액량 온스(Fluid ounce = oz) = 30밀리리터(Milliliter = ㎖)

1 Cup(c) = 0.24리터(Liters = ℓ)

1 Pint(pt) = 0.47리터(Liters = ℓ)

1 Quart(pt) = 0.96리터(Liters = ℓ)

1 Gallon(gal) = 3.8리터(Liters = ℓ)

④ 오븐 적정온도

온도상태	섭씨(℃)	화씨(℉)
Cool	140	275
Warm	150	300
Moderate	170~190	325~375
Moderately Hot	200	400
Hot	220	425
Very Hot	230~240	450~500

5) 섭씨와 화씨를 변환하는 방법

화씨(℉) = (섭씨 × 9/5) + 32, 섭씨(℃) = (화씨 - 32) × 5/9

예 섭씨 100℃를 화씨로 변환하는 경우

화씨 = (100℃ × 9/5) + 32 = 212℉

예 화씨 212°F를 섭씨로 변환시키는 경우

섭씨 = $(212°F - 32) \times 5/9 = 100℃$

3) 조리의 온도

조리의 가열 온도는 음식의 맛, 색, 형태, 향미, 질감 등에 영향을 주므로 온도에 유의하여야 한다. 재료, 분량, 조리 방법에 따라 가열 온도와 시간의 차이가 나므로 일률적으로 규정짓기는 어렵다. 오븐의 온도는 같은 조건에서도 상, 중, 하의 각 단마다 온도가 다르므로 굽는 요리에는 중단을, 표면만 구울 때에는 상단을 사용하도록 하며 버터나 기름이 많이 들어간 재료일수록 고온으로 구워야 한다. 그러나 수분이 많은 채소는 비교적 저온으로 처리하고 생선류, 육류의 순으로 열의 전도율을 고려하여 고온처리한다.

① 오븐의 온도

오븐의 온도	섭씨(℃)	화씨(°F)
아주 약한 온도	140	275
약한 온도	150	300
중간 온도	200	400
뜨거운 온도	220	425
아주 뜨거운 온도	230~240	450~500

② 튀김에 적당한 온도

재료	온도(℃)	시간(분)
채소	150~160	2~3
생선	155~165	2~3
육류	160~170	3
굴, 조개류	170~180	2
도넛, 과자류	170~190	3

9. 서양 조리 용어

A

· **Aide** : 주방이나 식당에서 일하는 보조자
· **Ajouter** : ① 더하다, 첨가하다
　　　　　　　 ② 소스 만들 때 크림을 추가하다.
· **Adjuvant** : 보조재료
· **Aging** : 고기의 숙성과정을 뜻하는 것으로 급속 냉동시켰다가 실온에
　 서 녹이면 고기의 결체 조직 작용으로 육질이 연해짐.
· **Andalouse** : 스페인 스타일의 마요네즈 혼합물(토마토 퓌레와 붉은
　 피망을 다져서 마요네즈에 섞어 넣은 것)
· **A la Carte** : 일품요리
· **A la king** : 화이트 크림이나 베샤멜 소스에 버섯, 풋고추, 피멘토
　 (pimento)를 넣어서 만드는 것
· **A la mode** : 유행에 따르는 디저트(dessert)로서 위에 아이스크림을
　 얹어주는 것
· **Amidon** : 녹말
· **Anchovy** : 소금에 절인 작은 고기, 멸치젓과 같은 것, 에피타이저에
　 사용되는 맛이 짠 생선
· **Appareil** : 요리 시 필요한 여러 가지 재료를 밑장만 하여 혼합 한 것
· **Assaisonnement** : ① 요리에 소금, 후추를 넣는 것
　　　　　　　　　　 ② 간을 맞추는 것을 뜻한다. 모든 요리에는 마
　　　　　　　　　　　 무리 과정에서 쓰인다.
　　　　　　　　　　 ③ 특정한 수프와 소스의 농후제로 사용되는
　　　　　　　　　　　 서인도의 뿌리식물에서 추출한 전분

④ 고기, 생선 혹은 닭의 맑은 젤리

· **Au Gratin** : 위에 빵가루, 치즈를 뿌려 굽는 것

· **Au lait** : 우유로

B

· **Bain-marie** : ① 끓는 물에 조리된 음식을 넣어 따뜻하게 데우는 그릇 (중탕기)

② 주방에서 위생통이라 불리운다.

· **Barbecue** : 탄불이나 숯불에 육류를 통째 그을려 굽는 것, 또는 돌을 달구어 굽는 것

· **Bearnaise** : 네덜란드 소스이며 타라곤(tarragon)향을 넣는다.

· **Beat** : 공기가 들어가지 않게 반죽을 치대는 것

· **Bechamel** : 소스의 기본이 되는 화이트 소스이다. 밀크, 스톡, 크림이 주 재료이다.

· **Benedictine** : ① 강한 오렌지향이며, 카톨릭교 사원의 이름에서 딴 것

② 달걀을 데쳐 머핀 빵 위에 놓고 홀란데이즈 소스를 얹어 내는 아침 달걀요리(수도회의 성자)

· **Beurre** : 버터(불)

· **Beurre Fondue**(불) : 버터가 약간 녹아있는 상태

· **Boeuf** : 쇠고기 = beef(영)

· **Bisque** : 갑각류 또는 조개류를 이용한 퓌레수프나 되직한 크림 수프

· **Blanc** : 화이트소스

· **Blend** : ① 두 가지 이상의 재료를 합하는 것

② 농도가 되도록 섞는 것

· **Bonne Femme(housewife)** : 가정에서 만든 간단한 요리에 사용된다.

· **Bordelaise** : 브라운소스에 포도주, 마늘, 양파 등을 넣어서 만든 소스

· **Bouchee** : 퍼프 페스트리로 만들어 크림, 고기나 생선으로 채운 작은 카나페 형태

· **Bouillon** : 수프나 소스를 만드는 스톡이며, 고기를 고아서 육수로 만든다.

· **Bouquet-garni** : ① 셀러리 줄기 안에 타임, 월계수잎, 파슬리 줄기를 넣고 실로 묶은 것

② 프랑스에서 대파에 후추, 타임, 월계수, 파슬리 줄기를 헝겊에 싸서 소스, 수프에 넣었다가 꺼내버린다.(요리 후 거르는 경우 향신료를 그냥 첨가한다)

· **Braise** : 채소, 고기, 햄을 용기에 담아 폰드보, 부용, 밀포아, 로리에를 넣고 천천히 오래 익히는 것(질긴 고기 조리법으로 액체를 자작자작하게 부어 익히는 조리법)

· **Brochette** : 꼬치에 꽂아서 요리한 고기요리(꼬치구이 일종)

· **Broil** : 직접 불에 굽는 것

· **Broth** : 고기, 생선, 양계 혹은 채소를 넣고 삶은 고기국물

· **Brider** : (닭, 칠면조, 오리 등) 가금이나 야생새의 몸, 다리, 날개 등의 원형을 유지하기 위해 실과 바늘로 꿰맨다.

· **Brunoise** : 채소와 고기를 3~4㎜ 길이로 네모로 써는 것

· **Buffet** : 큰 식당에 요리를 차려 놓고 먹게 하는 것

· **Burn** : 설탕을 물에 타서 소스 팬에 끓여 캐러멜처럼 색깔이 나도록 하는것.

C

· **Cafe** : 커피(프)

· **Cajun Spice Powder** : 겨자, 마늘, 양파, 칠리, 후추, 셀러리 등을 말려 만든 가루

· **Canape** : 조그마한 조각으로, 덮지 않은 샌드위치, 토스트나 빵 조각

위에 얹어서 내는 음식물

- **Canneler** : 장식을 하기 위해 레몬, 오렌지 등과 같은 과일이나 채소의 표면에 칼집을 낸다.
- **Capers** : 향이나 조미에 사용되는 향초, 절인(pickled)것
- **Caramel** : 설탕에 물을 넣고 조린 것(물엿처럼 색깔이 진한 것)
- **Casserole** : 밥, 감자 또는 수분이 있는 음식을 넣는 그릇으로, 오븐에 넣어도 높은 열에서 견딜 수 있는 것
- **Caviar** : 애피타이저나 오르되브르에 사용되는, 카리브 海에서 생산되는 철갑상어 알을 통조림 한 것 = Caviare(영)
- **Champignon** : 버섯류의 총칭, 양송이(프)
- **Chateau Briand** : 약 300g 정도로 잘라서 만든 안심 고기 스테이크 (안심의 가장 굵은 중간 부분의 고기)
- **Chef de Cuisinier** : 요리장, 주방장(廚房長)
- **Cherries-Jubiles** : 체리를 버터로 볶다가 Flambee한 다음 이것을 아이스크림 위에 부어 차려낸다.
- **Chop** : 조그마한 조각으로 써는 것
- **Choux** : 캐비지(cabbage)
- **Chowder** : 걸쭉한 수프(감자, 양파, 베이컨 등을 넣어 볶아 만든 기본수프)
- **Chutney** : 인도의 향미료, 건포도, 호도, 생강 등 여러 가지 재료를 혼합한 것
- **Clarifier** : 맑게 하는 것
  ① 콘소메, 젤리 등을 만들 때 기름기 없는 고기와 채소와 달걀 흰자를 사용하여 투명하게 한 것
  ② 버터를 약한 불에 끓여 녹인 후 거품과 찌꺼기를 걷어 내어 맑게 한 것
  ③ 달걀 흰자와 노른자를 깨끗하게 분류한 것
- **Clouter** : 향기를 내거나 장식하기 위해 고기, 생선, 채소에 목 모양으로 자른 요리(도리후 따위를 찔러 넣는다), 양파에 클로브를 찔러 넣는다.(베

샤멜소스)

· **Colbert** : 양파를 넣어서 만든 브라운 소스에 백포도주를 넣은 것

· **Coleslaw** : 캐비지를 곱게 썬 것

· **Compote** : 과일에 설탕을 넣어 끓은 것(익힌 과일)

· **Condiment** : 요리에 사용되는 조미료(양념), 훈제연어 옆에 놓는 양념

· **Consomme** : 맑은 육즙 수프의 대명사('완벽한'이라는 뜻이다.)

· **Corned Beef** : 쇠고기(복부 고기) 절임

· **Court Bouillon** : 물, 식초, 포도주, 향료를 넣고 끓인 국물(이 물에 생선을 삶아 요리를 만든다.)

· **Crepe** : 얇은 팬케이크

· **Crisp** : 연하게 아삭아삭한 것

· **Croissant** : 초승달 형태의 불란서 롤빵

· **Croquette** : 고기를 다져서 빵가루를 입혀서 기름에 튀긴 것

· **Croutons** : 오븐이나 딥 패트프라이어에서 황갈색으로 구운 사각형의 작은 빵 조각, 대개가 샐러드나 수프와 함께 뿌려준다.

· **Cuire** : 재료에 불을 통하게 하다, 삶다, 굽다, 졸이다, 찌다 등 익히는 모든 동작을 말함.

· **Cuisine** : 요리

· **Cuisiner** : 요리사(cook)

· **Cutlet** : 작고 납작하며 뼈가 없는 고기조각

D

· **Deep fat frying** : 튀김

· **Débrider** : ① (닭, 칠면조, 오리 등) 가금이나 야생새를 꿰맸던 실을 조리 후에 풀어내는 것

　　　　　　② brider의 반대말

· **Déglacer(데그라세)** : 채소, 가금, 야생새, 고기를 볶거나 구운 후에 바

닥에 눌어 붙어 있는 맛있는 것을 포도주나 코냑, 마데라를 넣어 국물을 끓여 내는 것. 주스 소스가 얻어진다. 후람베와 비슷한 동작을 말함.

· **Deglaze(프)** : 스톡이나 와인 또는 크림을 이용하여 팬 즙을 희석시키는 것

· **Dégorger** : ① 생선, 고기, 가금의 피나 오물을 제거하기 위해 흐르는 물에 담그는 것

② 오이나 양배추 등 채소에 소금을 뿌려 수분을 제거하는 것

· **Demi** : 절반

· **Demi-glace** : 갈색 소스를 반으로 졸여 걸쭉하고 얼음처럼 반짝반짝 하게한 소스를 말함.

· **Demi glaze** : 에스파뇰과 브라운 스톡 1/2씩의 혼합물

· **Demi-tasse** : 블랙커피의 1/2컵

· **Dessécher** : ① '건조시키다, 말리다'라는 뜻으로 소스의 경우 재료의 즙을 졸이는 조리법을 말함.

② 냄비를 센 불에 달궈 재료에 남아 있는 수분을 증발시키는 것(포도주 알코올 증발)

· **Devil** : 향기 강한 소스, 쇠고기 스톡에 머스터드, 고추, 양파, 백포도주 또는 피멘토, 풋고추 등을 넣은 것

· **Diable** : 간을 얼큰하게 맞춘 요리를 말하는데 악마란 뜻도 있다.

· **Dice** : 주사위처럼 1/8인치 주사위 크기의 네모로 써는 것

· **Diet(프)** : 음식과 식품을 일상적으로 즐기는 것

· **Dough** : 밀가루 반죽

· **Dorer** : 파테 위에 잘 저은 달걀 노른자를 솔로 발라서 구울 때에 색이 잘 나도록 하는 것(수프, 야쿠르트 경우에도 사용함), 금색이 나게 한다.(노른자에 물을 약간 넣어 바르는 조리 용어)

· **Dresser** : 양념 또는 장식으로 곁들인다.(to garnish)

· **Dripping(영)** : 지방, 기름기(구울 때 고기에서 나온 기름)

· **Duxelles** : 버섯, 셜롯, 그리고 양념으로 이루어진 일종의 스터핑. 일
반적으로 뒥셀의 기본에 토마토나 갈색 소스의 형태로 수분을 첨가한
다음 버섯이나 토마토 등을 채우는 데 사용한다.

E

· **Ebarber** : ① 가위나 칼로 생선의 지느러미를 잘라서 떼는 것
　　　　　　② 조리 후 생선의 잔가시를 제거하고, 조개껍질이나 잡물
　　　　　　　 을 제거하는 것

· **Effiler** : 종이 모양으로 얇게 썰다. (아몬드, 피스타치오 등을) 작은 칼
로 얇게 썰다.

· **Egoutter** : ① 물기를 제거하다.
　　　　　　② 물로 씻은 채소나 브랑시루 했던 재료의 물기를 제거
　　　　　　　하기 위해 짜거나, 걸러 주는 것

· **Emincer** : 작은 슬라이스 조각으로 써는 것

· **Emonder** : 토마토, 복숭아, 아몬드, 호두의 얇은 껍질을 벗길 때 끓는
물에 몇 초만 담갔다가 건져 껍질을 벗기는 것(토마토의 경우 불에 구
워 껍질을 제거한 후 소스를 만듦)

· **Enrober** : ① 싸다, 옷을 입히다
　　　　　　② 재료를 파이지로 싸다, 옷을 입히다
　　　　　　③ 초콜릿, 젤라틴 등을 입히다

· **Entree** : 세 번째 코스(프랑스 정식에서), 주 식사, 주 요리, 주식

· **Eponger** : ① 물기를 닦다, 흡수하다(스펀지란 뜻으로 사용됨)
　　　　　　② 불어에 ‘E’는 영어에서 ‘S’로 바뀐 것이 많다. 씻거나 뜨
　　　　　　　거운 물로 데친 재료를 마른 행주로 닦아 수분을 제거

· **Escargots** : 달팽이(불)

· **Espagnole** : 브라운소스, 브라운 루(brown roux)로 만든 소스

· **Essence** : 식품 기질에서의 추출물

조리전문용어(Terminology for Cooking)

216

· **Etuver** : ① '파내다, 도려내다'의 의미로 사과 씨 빼는 과정을 말하기도 함.
② 과일이나 채소의 속을 파내다.

F

· **Filet Mignon** : 가장 질감이 좋고 살이 연한 쇠고기 안심 부위

· **Fillet** : 쇠고기나 돼지, 양, 송아지 혹은 엽수육의 등심, 뼈를 자른 생선,
뼈를 추려낸 가금류의 가슴살

· **Fricasse** : 닭고기, 새끼양고기 혹은 송아지고기의 조각을 액체에서 스
튜요리 한 다음 같은 액체로 만든 소스에 차려 낸 요리

· **Flambee** : ① 태우다
② Déglacer와 비슷한 뜻인데 웨이터들이 손님들 앞에서 많
이 행하는 일이다.
· 가금(닭 종류)이나 야금의 남아 있는 털을 제거하기 위해 불꽃으로 태
우는 것
· 바나나와 크레이프 수제트 등을 만들 때 코냑과 리큐르를 넣어 불을 붙
인다. 베이키드 알라스카 위에 코냑으로 불을 붙인다.

· **Foie** : 간(liver)

· **Foie Gras** : Goose Liver(거위 간)
· 세계 3대 진미 : Foie Gras, Caviar, Truffle

· **Foncer** : ① 냄비의 바닥에 채소를 깔다.(foncer 반죽이 있다.)
② 여러 가지 형태의 용기 바닥이나 벽면에 파이의 생지를 깔다.

· **Fond** : 수프나 소스용 스톡

· **Fond Blanc** : 화이트 스톡, 화이트소스의 기본이 된다.

· **Fond Blanc de poisson** : 흰색 생선 스톡

· **Fondue** : 녹인, 용해된

· **French Dressing** : 기름과 식초를 2 : 1의 비율로 혼합해서 양념한 것

· **French Ice Cream** : 달걀과 바닐라 향을 넣어서 만든 빙과

· **French Onion Soup** : 진한 부용(bouillon)에 양파를 썰어 볶아 넣고,

파르마산 치즈를 넣어 크루톤과 같이 내는 것

· **French Toast** : 빵을 달걀 푼 것에 적셔서 팬에 굽는 것, 계피가루를
뿌려내기도 한다.

· **Fritters** : 튀긴 것

· **Fromage** : 치즈(프)

· **Frotter** : ① 문지르다, 비비다

② 마늘 빵을 만들 때 생마늘을 빵에 문질러 쓰는 용어

③ 마늘을 용기에 문질러 마늘 향이 나게 한다.

· **Fumet de poisson** : 생선 국물(fish stock)

G

· **Galantine** : 양계, 사냥물 혹은 고기의 뼈를 제거하고 고기다짐으로
채워 삶은 다음 냉각시켜 냉육 소스와 고기, 젤리를 씌우고 장식한 것
일반적으로 얇게 썰어 뷔페 위에 차려낸다.

· **Garde Manger** : 차가운 고기의 관리자, 차가운 고기 부서나 개인이
책임을 진다.

· **Garnish(영)** : 외형이 돋보이게 하는 품목으로 요리를 장식하는 것

· **Garniture(프)** : 곁들임(고명)

· **Glace** : ① 광택이 나게 하다, 설탕을 입히다

② 얼음을 말할 때 glace라고 한다.

③ 요리에 소스를 쳐서 뜨거운 오븐이나 살라맨더에 넣어 표면
을 갈색이 나도록 만든다.

④ 당근이나 작은 양파에 버터, 설탕을 넣어 수분이 없어지도
록 익히면 광택이 난다.

⑤ 찬 요리에 젤리를 입혀 광택이 나게 한다.

⑥ 과자의 표면에 설탕을 입힌다(glaze : 광택 있게 요리한 것)

· **Glace de viande** : 고기 소스를 졸여 반 고체상태로 만든 것(육수를

1/2로 졸여 데미그라스로 만든 후 다시 1/5로 졸인 것)

· Glaze(demi-glaze) : 진한 스톡이며 내용물의 1/4에 강한 향이 들어
있다. 광택 있는 재료로 요리를 씌우는 것(설탕, 버터 이용)

· Glazing : 노릇노릇하게 구운 색깔을 내다.

· Gouda : 네덜란드산 치즈

· Gourmet : 고급요리를 좋아하는 사람(미식가)

· Gratin : ① 그라탱하다

② 소스나 체로 친 치즈를 뿌린 후 오븐이나 살라맨더에 구워
표면을 완전히 막으로 덮히게 하는 요리법(감자 그라탱 요
리, 생선 그라탱)

· Griller : ① 석쇠에 굽다

② 재료를 그릴에 놓아 불로 직접 굽는 방법

③ 철판이나 프라이팬에 슬라이스 아몬드 등을 담은 후 오븐
에서 색깔이 나도록 굽는 것(grillé(프) - broiled)
원래 거른다는 뜻인데 grilled(pan fried)를 말함.

· Griddle : 바닥에서부터 열을 제공하는 커다랗고 넓적한 무거운 철판

· Grill : 석쇠에서 요리하는 것

H

· Hacher : ① (파슬리, 채소, 고기 등을) 칼이나 기계를 사용하여 잘게
다지는 것

② 다지거나 분쇄한다는 의미이지만 양파의 경우 칼집을 넣
어 써는 의미를 포함

· Hollandaise : 달걀 노른자에 버터, 레몬즙, 식초를 넣어 만든 소스

· Hors D'oeuvre : 식욕 촉진제, 식사 전에 먹는 간단한 요리, 전채, 전식

K

· **Kabob** : 마리네이드한 고기에 채소, 과일 조각을 꼬챙이에 끼워 조리
하는 것

L

· **Lait(프)** : 밀크(milk)
· **Larder** : ① 지방분이 적거나 고기에 바늘이나 꼬챙이를 사용해서 가
늘고 길게 썬 돼지비계를 찔러 넣는 것

② 고기 구울 때 육즙이 적게 나와야 고기 맛이 있다.

③ 많이 익히는 고기일수록 육즙이 적어 맛이 없으므로 이것
을 방지하기 위해 기름을 고기 사이에 넣는 것이다.

· **Legumes** : 채소(또는 콩, 렌즈 콩, 쪼갠 콩과 같은 건조한 채소에도
사용되는 용어이다. = vegetable)

· **Liaison(프)** : 수프에 첨가되는 콩류 식물의 작고 납작한 것

· **Lier** : ① 묶다, 연결하다

② 소스가 끓는 즙에 밀가루, 전분, 달걀 노른자, 동물의 피 등을
넣어 농도를 맞추는 것을 말한다.(소스는 크림 농도가 이상
적이고 용도에 맞는 농도제 사용이 좋다.)

· **Liqueur** : 식후 음료로 보통 서브되는 달콤한 알코올 음료. 여러 가지
다양한 향을 가지는 리큐르들이 있다.

· **Lobster** : 바닷가재

· **Loin** : 육류의 등심을 말한다. 갈비뼈가 끝나는 부분에서 엉덩이까지의
사이의 고기

M

- **Madeira** : ① 포도주, 체리 포도주와 비슷한 술, 포르투갈령의 대서양 군도 이름

  ② Madeira 산의 백포도주, 향이 좋고 맛좋은 포도주로 달콤하면서 색이 짙다.

- **Manier** : ① 가공하다, 사용하다

  ② 버터와 밀가루가 완전히 섞이게 손으로 반죽한다.(버터와 생밀가루 비율 1 : 1)

  ③ 수프나 소스의 농도를 맞추기 위한 재료(장기간 보관 시 유리하다. 콘스타치는 단 소스에 많이 이용)

- **Mariner**(= Marinade, 프)

  ① 담가서 절인다

  ② 고기, 생선, 채소를 조미료와 향신료를 넣은 액체에 담가 고기를 연하게 만들기도 하고, 또 냄새나 맛이 스미게 하는 것

  ③ 기름을 넣는 것은 뚜껑 역할을 해주기 때문에 꼭 넣어야 한다

- **Mayonnaise** : 오일, 달걀, 식초, 레몬, 소금, 후추, 설탕을 넣고 저어서 부풀어 오르게 만든 것

- **Meringue** : 달걀 흰자에 설탕을 넣고 휘핑해서 부풀어 오르면, 케이크나 파이, 푸딩 위에 얹어 굽는 것

- **Meuniere** : 생선에 밀가루를 씌운 다음 버터를 이용하여 팬에 굽는 방법

- **Mignon** : 안심 고기를 스테이크용으로 토막을 내서 베이컨을 감는 것

- **Mince** : 작게 다지는 것

- **Minestrone** : 걸쭉한 이탈리아 밀라노식 채소수프

- **Mint** : 박하 향(백색과 녹색)

- **Mirepoix** : 채소 종류를 다져서 혼합한 것, 주사위 꼴로 썬 채소와 허브류, 향신료의 혼합물로서 육류와 생선요리의 풍미 증진에 사용된다.

- **Mise en place**(프) : 문자적으로는 '적소에 위치한' 이란 뜻임. 식사 준

비에 따른 제반 준비 작업을 미리 마무리지어 끝내 놓는 것을 뜻한다.

· **Mornay** : 베샤멜 소스에 치즈를 갈아서 넣은 것

· **Monder** : 아몬드, 토마토, 복숭아 등의 껍질이 얇은 것을 끓는 물에
몇 초 동안 넣었다가 식혀 껍질을 벗기는 것, 에몰데와 비슷한 말

· **Mouiller** : ① 적시다, 축이다, 액체를 가하다

② (조리 중에)물, 우유, 즙, 와인 등의 액체를 가하는 것

· **Moulder** : ① 틀에 넣다(moule : 틀을 뜻함, mold)

② 각종 준비된 재료들(화르시 등)을 틀에 넣고 준비한다.

· **Mousse** : ① 휘핑한 크림으로 설탕 그리고 첨가물로 만든 냉동 디저트

② 또한 갈은 양계, 고기 혹은 생선의 젤라틴 앙트레를 휘
핑 크림의 첨가로 가볍게 할 수 있다.

· **Mozzarella** : 피자나 그 외 요리에 사용되는 이탈리아산의 맛이 온화
한 반연질 치즈

· **Muligatawny soup** : 인도식 카레수프

N

· **Napper** : 소스를 앙트레의 표면에 씌우다
주재료에 반쯤 덮어 주는 경우나 주재료 옆에 뿌려 주는 경우 나페라
고 한다.

· **Normandy** : 진한 생선 벨로테(veloute)와 크림의 혼합물

O

· **Oeuf** : 달걀

· **Orangeat** : 오렌지 껍질의 설탕절임

· **Oyster** : 굴

P

- **Pan-fry** : 뚜껑을 덮지 않은 상태에서 소량의 기름으로 팬에 넣어 익히는 것
- **Paner á l'anglaise** : (고기나 생선 등에) 밀가루를 씌운 후 소금, 후추를 넣은 달걀 물을 입히고 빵가루를 묻히는 것(Breading)
- **Pamesan** : 치즈가루, 치즈를 갈아서 쓰는 것
- **Pasta** : 초경밀가루 반죽을 다양한 크기와 모양의 다이스(dice)에 압축시켜 뽑은 제품으로서 파스타에는 마카로니, 스파게티, 버이젤리, 라비올리, 까넬로니 등등 여러 명칭의 종류가 있다.
- **Paste** : 풀같이 반죽이 된 것, 고추장처럼 되어 있는 상태
- **Pastry** : 파이나 파이 껍질을 만드는 것
- **Pate** : 고기나 간을 갈아 반죽 Double Boiling 하여 만든 것으로 식욕촉진제로 가장 많이 사용한다.
- **Picckle** : 절이다, 담그다
- **Pilaf** : 칠면조와 쌀요리
- **Pizza** : 이탈리아식 파이, 토마토, 치즈, 양념, 고기 등을 혼합해서 이스트 반죽에 넣어 오븐에 굽는 것
- **Plat** : 접시, 쟁반, 트레이(tray)
- **Piler** : ① 찧다, 갈다, 부수다
  ② 방망이로 재료를 가늘고 잘게 부수다
- **Pincer** : ① 세게 동여매다, 요점을 뽑아내다
  ② 새우, 게 등 갑각류의 껍질을 빨간색으로 만들기 위해 볶다
  ③ 고기를 강한 불로 볶아서 표면을 단단히 동여매다
- **Piquer** : 찌르다, 찍다(larding)
  ① 기름이 없는 고기에 가늘게 자른 돼지비계를 찔러 넣는 것
  ② 파이 생지를 굽기 전에 포크로 표면에 구멍을 내어 부풀어 오르는 것을 방지하는 것

③ 맛을 증가시키고 굽는 동안 건조방지를 위함.

· **Poach** : 70~80℃ 비등점 이하로 익히는 것

· **Poisson** : 생선(fish)

· **Poêler** : ① (냄비에) 찌고 굽다(Poêle는 냄비를 뜻한다.)

　　　　　② 바닥에 깐 채소 위에 놓은 재료에 국물이나 액체를 가해
　　　　　　 밀폐시켜서 재료가 가진 수분으로 쪄지도록 천천히 익히
　　　　　　 는 조리법

· **Potage** : 걸쭉한 수프, 전분질이 들어 있는 수프

· **Prawn** : 큰 새우

· **Puree** : 페이스트와 같은 것으로, 전분질로 수프나 소스를 만드는 것

R

· Raidir : (모양을 그대로 유지시키기 위해)

　　　　① 고기나 재료를 끓고 타는 듯한 기름을 빨리 부어 고기를 뻣뻣
　　　　　 하게 한다.

　　　　② 표면을 단단하게 한다.

· **Relish** : 맛, 풍미, 향기

· **Rib** : 늑골, 갈비뼈, 갈비고기

· **Risotto** : 밥 요리, 쌀로 만든 음식

· **Roquefort** : 프랑스의 유명한 블루치즈(blue cheese)

· **Roux** : 밀가루와 기름의 5 : 5 혼합물, 버터나 지방에 밀가루를 섞어
　　　흰색이나 갈색으로 볶아 섞은 혼합물로 수프와 소스를 되직하게 하는
　　　녹말제로 사용한다.

S

· **Salamander** : 조리법으로는 석쇠구이, 상부에 열원이 있고 하부에
　　　선반이 받쳐져 있는 소형 브로일러

- **Salami** : 돈육과 우유을 원료로 적포도주와 진한 양념을 넣어 만든 이태리식 훈제소시지
- **Saler** : 소금을 넣다, 소금을 뿌리다
- **Salisbury** : 햄버거처럼 고기를 갈아서 우유, 빵가루, 양념을 넣어 2㎝ 두께와 일정한 넓이로 뭉친 고기로 모양이 타원형이다.
- **Saupoudrer** : ① 뿌리다, 치다
    ② 빵가루, 체로 거른 치즈, 설탕 파우다 등을 요리나 과자에 뿌리다.
    ③ 소스, 수프의 농도를 위해 채소 볶을 때 밀가루를 뿌리다.
- **Sauter** : ① 볶다, 색깔을 내기 위해 굽다
    ② 달아오른 냄비에 기름을 넣고 채소를 잘 저어가며 볶는다.
    ③ 붉은 색의 쇠고기를 잘라, 양쪽을 구워 색깔이 나게 한다.
    ④ 흰 고기(닭, 산토끼 등)를 볶거나 구운 뒤 소량의 액체에 가볍게 익히거나 완전히 익히는 것을 말한다.
- **Scallops** : 조갯살, 가리비
- **Scotch Broth** : 양고기 스톡을 만들어 수프를 끓인다. 채소와 같이 넣어 끓인 것을 말한다.
- **Shallots** : 마늘과 양파 맛의 중간 채소, 우리말로 마늘양파라 한다.
- **Sherbet** : 과일 주스를 얼린 것
- **Simmering** : 물이나 채소를 서서히 끓이는 것
- **Singer** : ① 오래 끓이는 요리의 도중에 농도를 맞추기 위해 밀가루를 뿌려 주는 것
    ② 소 푸드레와 비슷한 용어
- **Slice** : 자체의 일정한 면을 살려서 얇게 써는 것
- **Spanish** : 햄, 베이컨, 셀러리, 당근, 양파를 다져서 볶은 것을 토마토 소스에 넣은 것
- **Steamer** : 증기 압력 쿠커

· **Stewing** : 찜하는 것
· **Stock** : 육수, 고기, 채소를 넣고 오래 끓인 국물
· **Swiss Steak** : 기름과 소스에 넣어 조리는 스테이크
· **Suer** : ① 즙이 나오게 한다.
    ② 재료의 즙이 나오도록 냄비에 뚜껑을 덮고 약한 불에서 색깔이 나지 않게 볶는 것

T

· **Tabasco** : 식초와 매운 고추로 제조되는 매운 맛을 지닌 양념 소스의 상표
· **Tamiser** : ① 체로 치다, 여과하다
    ② 체를 사용하여 가루를 치다(tami는 체를 뜻한다)
· **Tartar Sauce** : 양파, 피클, 셀러리, 파슬리를 다져서 마요네즈 소스에 섞는다.
· **Tarte** : 작게 만든 페스트리(밀가루 반죽)
· **Thousand Island Dressing** : 마요네즈에 칠리 소스 또는 토마토 케첩을 넣고 삶은 달걀, 풋고추, 파슬리를 다져 넣은 것
· **Tongue** : 혀
· **Tourner** : ① 둥글게 자르다, 돌리다
    ② 장식을 하기 위해 양송이를 둥글게 돌려 모양을 내다
    ③ 달걀, 거품기, 주걱으로 돌려서 재료를 혼합하다
· **Trousser** : ① 고정시키다, 모양을 다듬다
    ② 요리 중에 모양이 부스러지지 않도록 가금의 몸에 칼집을 넣고 다리나 날개 끝을 가위로 자른 후 실로 묶어 고정시키는 것
    ③ 새우나 가재를 장식으로 사용하기 전에 꼬리에 가까운 부분을 가위로 잘라 모양을 낸다.

· **Truffle** : 프랑스와 이탈리아에서 발견되는 둥글고 자극성의 맛을 지니는 검은 버섯류로서 소스와 빠떼, 스터핑 요리에 쓰이며 데코레이션에도 사용된다.

V

· **Vanner** : ① 휘젓다

② 소스가 식은 동안 표면에 막이 생기지 않도록 하며, 또 남아 있는 냄새를 제거하고 소스에 광택이 나도록 천천히 계속 저어 주는 것

· **Veloute** : 소소의 기본 재료이며, 밀가루와 기름을 혼합해서 약간 볶아 스 톡을 부어서 만든다.

· **Vichy** : 프랑스의 지방 명이며, 봄철에 나는 채소를 물에 삶아서 버터로 졸인 다음 당근과 같이 내는 것

· **Vichyssoise** : 감자 수프이며, 더운 것과 찬 것이 있다.

· **Vinaigrette** : 오일과 식초에 삶은 달걀과 향, 케이퍼(caper)향을 넣어서 만든 드레싱

· **Vol au vent** : 퍼프 페스트리로 만든 상자나 껍질에 고기나 닭고기의 혼합물을 채우고 퍼프 페스트리 뚜껑으로 덮어 만든 요리

W

· **Waldorf** : 샐러드이며, 사과, 셀러리, 호두 등을 넣어서 만든 채소요리

· **Wellington** : 쇠고기의 연한 안심을 색 내어 버섯을 갈아 반죽 위에 깔고 말아 껍질이 바삭바삭해질 때까지 구운 것

· **Whip** : 달걀과 같은 재료들을 휘돌려 치대에서 공기를 넣어 부피가 증가되도록 거품을 내는 것

· **Wiener schnitzel** : ① 송아지 고기 커틀릿에 빵가루를 씌우고 튀긴
다음 대개 레몬 및 앤초비 조각과 함께 차려
내는 요리
② 이 요리는 비엔나가 그 기원이다.

· **Worcestershire Sauce** : 육류와 기타 식품에 맛을 내기 위하여 사
용하는 어두운 빛깔의 향긋한 소스의 상표명

Y

· **Yeast** : 효모
· **Yolk** : 노른자위, 난황

Z

· **Zest** : 향(香), 색소
· **Zester** : ① 오렌지나 레몬의 껍질을 사용하기 위해 껍질을 벗기다.
② 껍질을 얇게 벗긴 후 쥬리엔으로 길게 썬 것을 말한다.
③ 껍질은 물에 살짝 삶아 쓴맛을 제거하고 설탕물에 졸여
디저트, 오리 요리 가니쉬로 이용한다.

◑ 유럽식 쇠고기 분류명칭 ◐

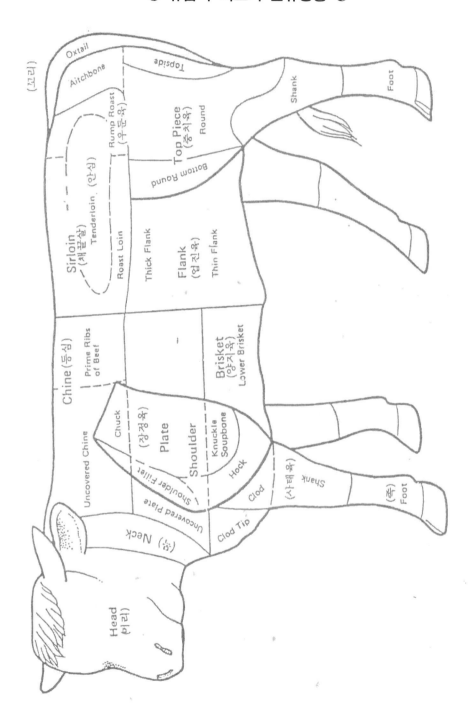

안심 (*TENDERLOIN*)

쇠고기는 모든 식용 중에 가장 인기가 높다. 안심은 소 한 마리에 두 개씩 있고, 평균 4~5kg 정도 되며 보통 안심 구분은 5가지 정도로 한다.

※ Tenderlion의 분류 : 5가지 분류와 6가지 분류는 Filet tip을 Filet Mignon 에 포함시키는 여부에 따라 변할 수 있다.

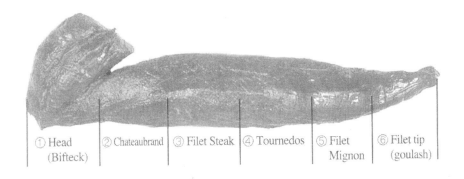

① Head (Bifteck) ② Chateaubrand ③ Filet Steak ④ Tournedos ⑤ Filet Mignon ⑥ Filet tip (goulash)

① Head(Bifteck)

② Chateaubrand

 * Chateaubrand Steak : 19세기 프랑스의 귀족이며 작가인 샤또브리앙 남작의 요리장인 몽미레이유가 만든 안심스테이크의 가장 가운데 부분으로 남작이 즐겨 먹었기 때문에 이러한 이름이 붙여졌으며, 소 1마리에 4인분밖에 제공되지 않는 고급 스테이크이다.

③ Filet Steak

④ Tournedos

⑤ Filet Mignon

 * 필렛이란 작은 예쁜이란 뜻으로 스테이크를 말하며, 안심 꼬리쪽에 해당하는 세모꼴 부분을 베이컨으로 감아 구워먹는 요리이다.

⑥ Filet tip(goulash)

육류의 굽기 정도(DEGREES OF DONENESS)

육류의 굽는 정도는 조리 목적에 따라 다소 차이가 있으며, 육류 속에 포함되어 있는 육즙과 맛이 유출되지 않음으로써 최상의 육질과 맛을 느낄 수 있도록 초기에 높은 열로 육류의 양 표면의 색을 내어준 다음 원하는 굽기 정도로 구워주는 것이 좋다.

조리사는 고객의 취향에 따라 육류의 굽기와 정도를 조절해 줄 수 있는 숙련을 충분히 쌓아야 한다.

고기 굽기 정도를 구분하는 것은 레어(Rare), 레어 미디엄(Rare Medium), 미디엄(Medium), 미디엄 웰던(Medium Well-Done), 웰던(Well-done)으로 나뉘며 육류의 내부 온도와 색깔은 다음과 같다.

◑ 육류의 굽기 정도에 따른 등급

굽기 등급	내 용
Rare(레어)	·속을 따뜻하게 하여 색깔만 살짝 나게 굽는 것을 말하며, 절단하였을 때 속은 선홍색을 띠어야 한다. ·고기 내부의 온도는 52℃ 정도
Medium Rare(미디엄 레어)	·Rare보다 조금 더 익힌 것으로 시각적으로 피가 흐르는 것이 보이지 않아야 한다. ·고기 내부의 온도는 55℃ 정도
Medium(미디엄)	·절반 정도로 익히는 것을 말하며, 검붉은 색이 감돌아야 한다. ·고기 내부의 온도는 60℃ 정도
Medium Well-done(미디엄-웰던)	·거의 다 익힌 것으로 절단하였을 때 가운데 부분에 약간 붉은색이 감돌아야 함. ·고기 내부의 온도는 65℃ 정도
Well-done(웰던)	·속 부분까지 완전히 익히는 것으로 절단했을 때 핏기가 보이지 않아야 한다. ·고기 내부의 온도는 붉은색 고기는 70℃, 송아지, 어린 양고기는 77℃, 돼지고기, 가금류 고기는 85℃ 정도이다.

이태리 조리

1. 이태리조리의 식단구성

☆ 정식메뉴(full course)

· antipasto : 전채요리

· primo : 수프, 파스타, 리조토 중 선택

· secondo : 주요리로 생선, 육류, 가금류 중 선택, 채소요리가 곁들여짐

· contorno : 주요리 바로 다음이나 함께 제공되는 샐러드나 샐러드가
　　　　　　곁들여진 요리

· formaggio : 치즈요리류

· frutta : 과일류

· dolce : 스위트 디저트

· caffè : 식후 음료로 커피 또는 차

2. 이태리 조리 용어

A

acciughe(아치우게)	멸치
acquacotta(아꾸꼿따)	수프의 일종
affogate(아포가떼)	삶은
agliata(알리아따)	마늘 소스
aglio(아리오)	마늘
agnello(아넬로)	양
agnolotti(아룔롯띠)	빠스띠의 일종
agnolotti(아룔롯띠)	고기와 치즈를 섞어 만든 요리
agresto(아그레스또)	덜익은 포도
agro(아그로)	신, 새콤한
Agrodolce(아그로돌체)	단 식초
ai(아이)	~에
al salto(알 살또)	버터 발라 구운 요리
al dente(알 덴테)	파스타를 쫄깃할 정도로 삶는 것
alba(알바)	지명
albese(알베제)	알바지방의
alessandrino(알레싼드리노)	알렉산더의
alice(알리체)	앤초비, 곤어리(alici 복수형태)
all'onda(알온다)	조리된 리조토의 농도(액체가 흐를 정도의 농도)
Alpeggio(알펫찌오)	알프스 지방의

aluastigiana(아우아스띠지마나)	아루아스띠지아 지방의
amare(아마레)	쓴맛의
amarena(아마레나)	버찌의 일종, 흑맨드라미 시럽으로 만든 음료
amaretti(아마렛띠)	마카론, 아몬드 케이크의 일종
ammollicato(암몰리까또)	물에 불린, 부드럽게 만든
anatra(아나뜨라)	오리
anguilla(앙귈라)	뱀장어
annegati(안네가띠)	푹 빠진, 푹 적신
antica(안띠까)	옛날의
antipasto(안띠빠스또)	전채요리(antipasti 복수형태)
ape(아뻬)	꿀벌
Apostoli(아쁘스또리)	순교자
arbarella(아르바렐라)	유리로 만든 밀패용 병 bürnia(뷔르니아)라고 부르기도 함
Arborio(아르보리오)	북구 이탈리아 지명
arescentine(끄레센띠네)	빠스따 종류
arista(아리스따)	(돼지의)등뼈, 등살
arrosto(아로스또)	구운
arselle(아르셀레)	무명조개
asciutti(아쉿웃띠)	마른
asciutto(아쉿웃또)	마른, 건조한
asparagi(아스빠라지)	아스파라거스
astigiana(아스띠지아나)	아스띠 지방의
avena(아베나)	호일

B

baci(바치)	초콜릿 이름
Baccala(박까라)	말린 대구
bagent(바넷)	소스
bagna(바냐)	'적시다', '담그다'에서 나온 말
bagnet(바넷)	소스의 일종
balsamic vinegar˙(aceto balsamico)	

Trebbiano산 포도를 건조시켜 단맛을 농축시킨 후 압착하여 주스를 추출하고 주스 속의 설탕을 캐러멜하기 위해 조린다. 1년 동안 오크통에 숙성시킨 후 밤·앵두·뽕나무통에 12년에 걸쳐 숙성시킨다. 요즘은 상업용으로 대용하여 신맛과 감미가 감소되었다.

barolo(바롤로)	지명
barolo(바롤로)	피에몬테지방산 적포도주
basilico(바실리꾜)	향미료, 박하향과 유사한 향기 높은 식물
batsuà(밧수아)	돼지다리 요리
bauletti(바우렛띠)	빠스따 종류
bava(바바)	누에의 분비물
bavetline(바벳띠네)	리본형 빠스따
bavette(바벳떼)	집에서 만든 빠스따의 일종
beccafico(베까피꼬)	새, 꾀꼬리의 일종
Beignets(베이네츠)	빠스따 종류
bela(벨라)	아름다운
bergamasco(베르가마스꼬)	베르가모식의
besciamella(벨샤멜라)	소스이름(밀가루, 우유, 버터로 만듦)

bianco(비앙꼬)	흰
Biellese(비엘레제)	비엘라의, 비엘라 사람들의
biete(비에떼)	채소, 근대종류
bigoli(비골리)	주로 수프에 사용하는 가느다란 빠스따
biscotti(비스꼿띠)	비스킷
bocconotti(봇꼬놋띠)	전채요리의 일종
boldrò(블로드)	아귀
Bolli(볼리)	과자의 일종
Bollito(볼릿또)	데친, 삶은
Bomboloni(봄볼로니)	동그랗고 속에 크림이 든 빵
boragine(보라지네)	리구리아 지방 특이 채소
bordation(보르다띠노)	리브르노식 수프
borete(보레또)	넙치 등을 이용한 생선요리
bossolá(봇솔라)	과자의 일종
bottiglia(보띨리아)	병
bozzoletti(보쫄렛띠)	빠스따의 일종
brasato(브라사또)	불에 끓인, 삶은
Brigidini(브리지디니)	호두모양과자의 일종
brodetto(브로데또)	생선수프
brodo(브로도)	국물, 육수
brovade(브로바데)	포도주에 담근 무 요리
brusca(브루스까)	소스 종류
brôs(브로스)	치즈의 종류
bucatini(부까띠니)	빠스따의 일종
Buccellato(붓첼라또)	둥근 빵
budella(부델라)	장, 창자
budino(부디노)	푸딩
bue(부에)	쇠고기

bughe(부게)	생선종류
burrida(부리다)	바다 생선종류
busecchina(부셋끼나)	밤과자
bussolano(붓솔리노)	빵의 일종
buzolai(부쪼라이)	링모양의 과자
büsêca(뷔세카)	소의 위로 만든 밀라노식 수프

C

cacciagione(까치아지오네)	야생동물
cacciatora(까치아또라)	사냥꾼의
cacciucco(까춧꼬)	생선수프의 일종, 혼합된 수프
caciocavallo(까치오까발로)	남부지방의 장기보관용 치즈
caienna(키이엔나)	카이엔나 지방
calzone(깔쪼네)	소를 넣은 큰 만두 모양으로 생긴 피자의 일종
camoscio(까모쉬오)	영양
canavesana(까나베사나)	까나베사 지방의
candito(깐디또)	설탕으로 만든 과자(arditi 복수형태)
canestrelli(까네스뜨렐리)	과자명, 집게 같은 틀에 넣어 구운 과자
canestrelli(까네스뜨렐리)	둥근 모양의 작은 과자
cannelloni(깐넬로니)	빠스따의 일종
cannola(깐놀라)	분수의 물이 쏟아져 나오는 분출구
cannoli(깐놀리)	카니발의 전형적인 과자
cannolicchi(깐놀리끼)	짧은 빠스따
cape longhe(까뻬론게)	길맛조개
cape sante(까뻬싼떼)	마합
capelli(깝뻴리)	머리카락
capocollo(까뽀꼴로)	돼지고기 목 부위 고기 요리

caponata(까뽀나따)	튀긴 가지, 올리브, 셀러리를 기본으로 새 콤달콤하게 만든 시칠리아요리
caponèt(카뽀넷)	양배추를 이용한 요리
cappelletti(깝뻴렛띠)	신루모자 모양의 빠스따의 일종
appero(깝뻬로)	풍조목(풍조목의 봉우리), 케이퍼
capponada(까쁘나다)	바다 생선종류, 생선 셀러드
cappone(깝뽀네)	거세된 수탉
cappun(깝뿐)	cappone의 사투리
capra(까쁘라)	염소
capretto(까쁘렛또)	염소(축소형태)
capriolo(까쁘리올로)	숫노루
carallucci(까발룻치)	과자의 일종
carbonade(까르보나데)	고기 요리
carciofi(까르치오피)	양엉겅퀴
cardi(까르디) (국화과)	카루둔, 양엉컹퀴의 식물
cardoncell(까르돈첼리)	뿔리아 지방의 버섯
carignano(까리냐노)	지명
carlotte(까를롯떼)	빵의 일종, 우유, 생크림, 과일로 만든빵
carne(까르네)	고기
carnevalle(까르네발레)	축제
carote(까로떼)	당근
carpa(까르빠)	흰 잉어의 일종
carpione(까르삐오네)	큰 잉어
carretto(가렛또)	티본스테이크용 고기
cartoccio(까르똣치오)	기름종이
cassata(까싸따)	둥글고 큰 용기, 과자의 일종
casseruola(깟세푸올라)	스튜 냄비, 남비
castagnacci(까스따냣치오)	밤과자

castagne(까스따네)	밤
castrato(까스뜨라또)	연화된, 거세된
casônsèi(까손세이)	브레샤 지방의 라비올리 요리
catalogna(까따로냐)	치꼬리의 일종인 채소
cavatieddi(까바띠에디)	집에서 만든 빠스따의 일종
cavolella(까브렐라)	어린 양배추
cavoifiore(까볼피오레)	꽃양배추
cavolo(까볼로)	양배추
caöda(까오다)	소스(채소를 찍어 먹기 위한 것)
ceci(체치)	병아리콩
cefalo(체팔로)	숭어
cenci(첸치)	타래과와 유사한 과자
cenere(체네레)	재
certosina(체르또지나)	체르토사식의
cetrioli(체뜨리올리)	오이
chiacchiere(끼앗끼에레)	과자류, 타래과 같은 모양의 과자
chifeletti(끼페렛띠)	반달모양의 과자
chiocciole(끼옷치올레)	달팽이
chiscioul(끼쉬오울)	반죽을 끓는 기름에 넣어 튀김을 만드는 조리법
chisolini(게솔리니)	빠스따의 일종
chizze(낏쩨)	라비올리의 일종
ciacci(치앗치)	리꽃따를 넣고 만든 빠스따
cialzons(치알존스)	빠스따 종류
ciambella(챰벨라)	링모양 과자
ciambelline(치암벨리네)	챰벨라 과자를 작게 만든 것
ciavai(챠바이)	과자 종류
cibreo(치브레오)	이태리의 토스카나 지방에서 닭, 달걀, 레몬으로 만든 수프

cicciolo(칫치올로)	돼지의 부스러기 고기
cieche(치에께)	새끼 뱀장어
cima(치마)	송아지 고기, 요리명
cime(치메)	채소나 식물의 끝부분
cinghialle(친기알레)	멧돼지
cipolla(치뽈라)	양파
Cipollata(치뽈라따)	양파 요리
cisra(치스라)	피에몬테 방언으로 콩요리를 칭함
ciuppin(츕핀)	생선수프의 일종
comino(꼬미노)	가지가 가늘고 무성한 미나리과 식물로 씨는 향료나 약재로 사용됨
comune(꼬무네)	일반적인, 보통의
con(꼰)	~와 함께
concia(꼰치아)	건조법, 보존법
condijun(꼰디준)	샐러드의 일종
condimento(꼰디멘또)	조미료, 양념, 소스
condita(꼰디따)	조미한
confortini(꼰포르띠니)	오래 보관하여 먹는 과자
coniglio(꼬닐리오)	토끼
conservazione(꼰세르바찌오네)	보관, 저장
contadina(꼰따디나)	농촌의, 농부의
coppa(꼽빠)	소시지의 일종
coppo(꼽뽀)	옛날식 철제용기로 손잡이가 있는 뚜껑으로 사용된, 수키와 모양의 과자
corda(꼬르다)	그물, 망, 근육
coriandolo(꼬리안돌로)	미나리과의 초본식물로 고수, 향료로 쓰임
corniole(꼬르니올레)	층층나무열매
corona(꼬로노)	왕관

corsini(꼬르시니)	지명
costine di(꼬스띠네 디)	돼지의 갈비살
costolotte(꼬스똘렛떼)	갈비, 늑골
cotechino(꼬떼끼노)	양념한 이탈리아 소시지의 일종
cotiche(꼬디께)	돼지 껍질
cotizza(꼬팃짜)	팬케이크
cotoletta(꼬또렛따)	커틀릿
cotolette(꼬똘렛떼)	두껍게 자른 고깃점(보통 갈비를 청함)
cotti(꼿띠)	익은
cotògna(꼬또냐)	마르멜로의 열매
cozze(꼿쩨)	홍합
crauti(끄라우띠)	양배추를 채 썰어 절여 먹는 것, 독일식 김치
crema(끄레마)	크림
cremasca(끄레마스까)	크레모나식의
cren(끄렌)	끄렌이란 식물의 뿌리를 갈아서 식초와 마른 빵을 넣고 만든 매운 소스, 와사비 다이콘
crescione(끄레쉬오네)	양갓냉이
crespelle(끄레스뻴레)	달거나 짠 얇은 오믈렛이나 튀김의 양념, 향미료
croccante(끄로깐떼)	파삭파삭한 과자의 일종
crocchette(끄로껫떼)	크로켓
crogiolato(끄로지오라또)	약한 불에 천천히 익힌
crostata(끄로스따따)	쿠르트
crostino(끄로스띠노)	쿠르튼, 토스트를 한 파이 (corstini 복수형태)
crostoli(끄로스똘리)	꼬아논 매듭 모양 과자
crozetti(끄로젯띠)	빠스따의 일종
crude(끄루데)	생의, 날것의

crumiri(끄루미리)	과자, 몬페라또의 비스킷
cuculli(꾸꿀리)	감자를 이용한 튀김요리
cuscusu(쿠스쿠스)	밀기울의 일종

D

dama(다마)	주사위 모양의 정방형
datori(다또리)	가리맛, 돌을 먹는 연체 동물
datteri(닷떼리)	가리맛
delce(돌체)	단 과자
di(디)	~의, ~로 된, ~식으로
diavola(디아볼라)	악마의
dita(디따)	손가락
dolce(돌체)	단
dorati(도라띠)	노릇노릇한, 금빛을 띤
dragoncello(드라곤첼로)	향로로 쓰이는 풀
duja(두자)	큰 항아리

E

e(에)	그리고
erba(에르바)	풀(erbe의 복수형태)

F

fagiano(파지아노)	꿩
fagiolata(파지오라따)	완두콩 요리

fagiolo(파지올로)	완두콩(fagioli 복수형태)
faraona(파라오나)	뿔닭
farcito(파리치또)	속을 채운
fare(파베)	잠두콩
farina(파리나)	밀가루
farinata(파리나따)	수프
farro(파로)	스레루토 보리
Fava(파바)	잠두콩(Fave 복수형태)
fegato(페가또)	간
ferri(페리)	철
fettuccine(펫뚯치네)	1cm 정도로 얇은 빠스따의 일종
fiadoni(피아도니)	삼각형 모양의 과자
fiasco(피아스코)	병 이름
ficho(피끼)	무화과(fichi 복수형태)
filetto(필렛또)	허릿고기
filoni(필로니)	프랑스 빵(가늘고 길게 생겼음)
finalina(피날리나)	피날리나 지방의
finanziera(피난찌에라)	닭 내장으로 요리한 소스
finocchi(피노끼)	화양풀 씨, 화양풀 열매
fiori(피오리)	꽃
fitascelta(띠따쉣따)	빠스따의 일종
flisse(플릿세)	여러 가지 재료의 튀김요리
focacce(포깟체)	포깟치아(빵의 일종), 건포도를 넣은 빵
focaccia(포깟치아)	건포도 넣은 빵, 빵의 일종
fondo(폰도)	밑, 아래, 바닥
fondua(폰두아)	수프의 일종, 덩어리 치즈를 많이 넣어 먹음
fontina(폰띠나)	피에몬테산 치즈의 일종
formaggio(포르마찌오)	치즈

forno(포르노)	화덕, 오븐
forte(포르떼)	강한
fragola(프라골라)	딸기
fricancleau(프리깡도)	스튜냄비에 돼지기름을 두르고 쇠고기를 익힌 요리
fricassea(프리까쎄아)	프리커시
Frcia(프리치아)	채소 튀김 음식
Frico(프리코)	치즈 튀김 요리
fritole(프릿똘레)	튀긴 것
frittata(프릿땃따)	튀긴 오믈렛
frittelline(프릿뗄리네)	작게 튀긴 것
fritti(프릿띠)	튀긴
fritto(프릿또)	튀긴
frittole(프릿또레)	튀김
frizze(끄렌)	와사비 디아콘 뿌리
Frolla(프롤라)	단, 부드러운
Frolla(프롤라)	부드러운, 연한
frutta(프룻따)	과일
Fugazza(푸갓짜)	레몬과자
funghetto(푼겟또)	작은 버섯(축소형태)
funghi(풍기)	송이버섯

G

gallina(갈리나)	암탉
gamberi(감베리)	가재
gardesana(가르데사나)	가르다식의
garganelle(가르가넬레)	빠스따의 일종

gatto(갓또)	고양이
genovese(제노베제)	제노바식의
gialla(지알라)	노란
gimbars(쨍바르)	가재요리
giardino(지아르디노)	정원 giardinetto의 축소형
gigot(지고뜨)	양의 다리의 부위 명칭
gnocchetti(노껫띠)	뇨끼를 작게 빚은 것
gnocchi(뇨끼)	호박, 감자 등을 뜨거운 물로 데쳐 으깬 것과 밀가루 반죽하여 경단모양으로 만들어 데친 후, 여러 가지 양념소스로 맛을 내어 먹는다.
granatine(그라나띠네)	석류나무 열매
granevola(그란제볼라)	게
Grappa(그랍빠)	브랜디
grasso(그랏쏘)	살찐, 풍부한
graticola(그라띠꼴라)	석쇠
grissini(그릿시니)	가늘고 긴 막대기 모양의 빵
Grive(그리베)	여러 가지 재료의 튀김 요리
grolla(그롤라)	아오스타 계곡 전용 그릇
groviera(그로비에라)	치즈의 한 종류
Gruyére(그뤼에)	치즈 종류
guanciale(관치알레)	돼지목살
gubana(구바나)	과자 종류
gulasch(굴라쉬)	쇠고기 스튜, 헝가리식 요리
imbrogliata(임브로리아따)	채소 요리
in(인)	안에, 에

indivia(인디비아)	꽃상추
indorato(인도라또)	금빛을 낸
insalata(인살라따)	샐러드
insalata(인살라따)	소스를 곁들인 채소
intingoli(인띤골리)	육수
involtini(인볼띠니)	쌈처럼 싸서 만든 음식
iseana(이세아나)	이스에나식의

L

la(라)	여성 단수에 붙이는 정관사
lagaccio(라갓치오)	지명, 과자명
lagane(라가네)	집에서 만든 빠스따의 일종
lampasciuoli(람빠쉬우올리)	수염양파
langa(란가)	란가 지방
lasagna(라자냐)	따스띠의 한 종류
lasagna(라자냐)	달걀과 밀가루로 만든 국수의 일종
lasagne(라자네)	빠스따의 일종
latte(라떼)	우유
latughe(라뚜게)	상추
le(레)	la의 복수형태
lenticchie(렌띳끼에)	제비콩
lepre(레쁘레)	토끼
lesso(레쏘)	삶은, 데친
lievito(리에비또)	효모
ligure(리구레)	리구리아식의
lingua(린구아)	혀
linguine(린구이네)	빠스따의 일종

lombata(롬바따)	허리고기
luccio(룻쵸)	생선의 일종
lumache(루마께)	달팽이
luppolo(룹뽈로)	홉
làciàda(라치아다)	잼을 바른 오믈렛

M

maccaroncelli(마까론첼리)	길고 얇은 구멍난 마카로니
macis(마치스)	육두구 껍질을 말린 향미료
maddalena(마다레나)	케이크
magro(마그로)	여윈, 빈약한
magru(마그루)	magro의 사투리
maiale(마이알레)	돼지
maiale(마이알레)	돼지고기
Maionese(마이오네제)	마요네즈
malfatli(말팟띠)	호두알 크기의 경단모양의 빠스따
mallegato(말레가또)	돼지피 요리
malloreddus(말로렛두스)	집에서 만든 작은 뇨끼
maltagliati(말딸리아띠)	빠스따의 일종, 아무렇게나 자른 모양
mandorle(만도를레)	아몬드
mangiare(만지아레)	먹다
manzo(만쪼)	쇠고기
mare(마레)	바다
marenge(마렌고)	옛 프랑스의 20프랑 금화, 이탈리아 지방 이름, 나폴레옹의 마렌고 전쟁
margherita(마르게리다)	마거리트 케이크(스폰지케이크의 일종)
Margottini(마르곳띠니)	틀에 넣어 구운 케이크 같은 것

maria(마리아)	성자의 이름, 여자아이의 이름
marinara(마리나라)	바다의, 해상의
marmellata(마르멜랏따)	마말레이드 잼
maro'(마로)	소스 종류, 잠두콩을 이용한 소스
martin sech(마르핀 세크)	배의 종류, 북부 이탈리아에서 생산되는 배
marubini(마루비니)	라비올리
mazzancolli(마짠꼴리)	새우
Masara'(마사라)	채소를 곁들인 소시지 요리
medaglioni(메달리오니)	대형메달
mela(멜라)	사과
melanzane(멜란짜네)	가지
merluzzo(메르루쪼)	대구
miascia(미아쉬아)	과자의 일종
migliaccio(밀리아치오)	파이의 일종
milza(밀짜)	비장
minestra(미네스뜨라)	수프
minestrone(미네스뜨로네)	수프
minuich(마누이크)	철로 끼워 만든 마카로니
mirtilli(미르뗄리)	월귤나무속, 그 열매
mirto(미르또)	월귤나무잎
missolitt(밋솔띠뜨)	청어
misto(미스또)	섞은, 혼합의
mitili(미띨리)	홍합
moleche(몰레께)	게
mondeghili(몬데길리)	고기 완자
Monferrina(몬페리나)	몬페리나 지방
montone(몬또네)	숫양
moriconda(마리꼰다)	수프의 일종

moro(모로)	오디나무, 뽕나무
mortadella(모르따델라)	훈제소시지
moscardini(모스까르디니)	연체동물, 낙지 새끼와 유사
mostarda(모스따르다)	겨자, 겨자 시럽에 설탕절임한 과일
muggine(무찌네)	숭어(muggini 복수형태)
mustyazzola(무스따쫄라)	포도과자, 연말 축제용

N

natale(나딸레)	성탄절
nera(네라)	검은(nere 복수형태)
neri(네리)	검은
nervetti (네르벳띠)	신경조직
nocciola(놋치올라)	개암
nocciole(놋치올레)	개암
noce(노체)	호두
norma(노르마)	까따냐와 벨리니 지방의 고유 존칭어
nostrani(노스뜨라니)	우리의
novara(노바라)	북부 이탈리아 지명
novarese(노바레제)	노바라 지방의

O

oca(오까)	거위
offelle(오펠레)	사각 라비올리 밀가루로 만든 얇은 팬케이크
olio(올리오)	기름
oliva(올리바)	올리브 열매(olive 복수형태)

olive oil

· extra-virgin olive oil : 손으로 딴 올리브를 첫 번째 압착 추출한 기름, 산도가 1%가 안되고 가장 질이 좋은 녹색의 비싼 기름으로 튀김용으로는 풍미가 파괴되므로 부적당하다.

· standard olive oil(light olive oil) : 질이 낮으며 여과공정을 통해 높은 발연점을 가지므로 튀김용으로 적당하다.

· virgin olive oil : 첫 번째 짠 기름으로 1~3%의 산도를 가진다.

· fino olive oil(pure olive oil) : extra와 virgin를 혼합한 올리브유

omeletta(오메렛따)	오믈렛
orecchiette(오렛끼에떼)	귀모양의 빠스따
orzo(오르쪼)	대맥
osei(오세이)	새
osso buco(웃쏘 부꼬)	구멍난 뼈
ostia(오스띠아)	성체, 호스티어
ovolo(오볼로)	송이버섯

P

paesana(빠에자나)	농촌식의
pancetta(빤쳇따)	뱃살고기, 뱃살
panchiutto(빤끼웃또)	빵수프
pandoice(빤돌체)	달콤한 빵
pane(빠네)	빵
panettone(빠네또네)	둥그런 큰 빵
paniscia(빠니샤)	이태리 쌀 요리인 리조또의 한 종류
panissa(빠니샤)	빵의 종류
pannocchie(빠노끼에)	갯가제

panna(빤나)	생크림
pansooti(빤슈띠)	요리명
Papavero(빠빠베로)	양귀비
pappa(빱빠)	유동식
pappardelle(빱바르델레)	빠스따의 일종
pasticcera(빠스띠체라)	과자
paprica(빠쁘리까)	단맛이 나는 고추
parmigiano(빠르미지아노)	치즈의 한 종류, 주로 뿌려 먹는 데 사용
pasquale(빠스꾸알레)	부활절
passatello(빠싸뗄로)	달걀, 치즈, 향료를 넣고 만든 로마식 빠쓰따, 스튜요리에 사용됨.
pasta(빠스따)	빠스따, 밀가루로 반죽한 것
Pasticcera(빠스띠체라)	과자
pastissada(빠스띳싸다)	스튜
pastore(빠스또레)	양치기, 목동
patate(빠따떼)	감자
pattona(빳또나)	피렌체식 밤과자
pavese(빠베제)	빠비아식의
pazientini(빠찌엔띠니)	과자 이름
pecorino(뻬꼬리노)	양젖으로 만든 치즈
peoci(뻬오치)	홍합
pepato(뻬빠또)	후추로 맛을 낸
peperonata(뻬뻬로나따)	고추로 가미한
paperone(뻬뻬로네)	피망, peperoni(복수형태)
per(뻬르)	～을 위하여, ～용
perciatelli(뻬르치아뗄리)	빠스따의 일종
pernice(뻬르니체)	자고새
perseghini(뻬르세기니)	과자종류

pesce(뻬쉐)	생선
pesche(뻬스께)	복숭아(pesca의 복수형태)
pesee spada(뻬쉐 스빠다)	황새치
pesto(뻬스또)	제노바풍의 패스토(마늘, 송실, 올리브유, 치즈 등을 섞어 패스트 상태로 만든 것)
peverada(뻬베라다)	소스의 일종
piacentina(삐아첸띠나)	피아첸쟈의
piadina(삐아디나)	케이크 종류
piatti(삐앗띠)	요리, 접시
picagge(삐까쩨)	빠스따 종류
piccante(삣깐떼)	매운
piccata(삣까따)	다진 파슬리와 레몬, 버터로 익힌 쇠고기 요리
piccioni(삣치오니)	비둘기
piemontese(삐에몬떼제)	피에몬데 지방의
pignatta(삐낫따)	일명 또페자, 손잡이가 4개 달리고 오지로 만든 그릇, 속이 깊음
pilot(필롯뜨)	그릿시니를 튀겨서 만든 과자
pilottato(삘롯따또)	꼬치에 꿴
pisello(삐셀로)	완두콩
pistacchi(빠스따기)	열매 이름, 피스타키
pistum(삐스뚬)	과자 종류
pizza(삣짜)	피자
pizzoccheri(삣쪼께리)	빠스따의 일종
polenta(뽈렌따)	폴렌터죽
pollo(뽈로)	닭
polmone(뿔모네)	폐, 허파
polpetta(뿔뻿따)	다진 고기로 만든 음식

polpettina(뿔뻿띠나)	뿔뻿따를 작게 빚은 것
polpettine(뿔뻿띠네)	다진 고기 요리, 고기완자
polpettone(뿔뻿또네)	다진 고기를 둥글게 크게 만들어 요리
pomodoro(뽀모도로)	토마토, pomodori(복수형태)
ponente(뽀넨떼)	서, 서방, 서양 제국
porro(뽀로)	백합과의 채소, 흰색에 가까운 튜브
porto(뽀르또)	항구
povr'om(뽀브롬)	뽀보름 지방
pratese(쁘라떼제)	프랏토식의
preboggi(쁠레보찌온)	식용식물, 양배추과 식물
prezzemolo(쁘레쩨몰로)	파슬리
priore(쁘리오레)	수도원장
prosciutto(프로쉬웃또)	염장 또는 훈연 햄
provatura(쁘로바뚜라)	암들소의 젖으로 만든 치즈
prugna(쁘루냐)	오얏, 자두
puccia(뿟치아)	폴렌터죽을 튀긴 요리
pulöti(뿌로띠)	암영계
putizza(뿌띠쟈)	과자종류, 성탄절이나 연말에 만들어짐
pâte(빠떼)	파이, 파이껍질(잘게 썬 고기를 양념하여 질 그릇에 끓여서 식혀 먹는 요리)

Q

quaglie(꽐리에)	메추리

R

ragno(라뇨)	농어
rambasicci(람바시치)	양배추에 고기를 소로 넣은 쌈 형태로 만든

	요리
ramerino(라메리노)	로우즈메리
rana(라나)	개구리(rane 복수형태)
rape(라뻬)	무우
ratatouille(라따또우일레)	요리명, 토마토, 가지, 호박 등 채소를 넣고 한 요리 샐러드 류
raviolo(라비올로)	빠스따의 일종(ravioli의 복수형태)
reggiane(레지아네)	레지아노의
ricciarelli(릿치아렐리)	아몬드 과자 종류
ricotta(리꼿따)	치즈 종류, 하얀색의 새우 신선한 것.
rigatoni(리가또니)	빠스따의 일종
ripieno(리삐에노)	속채운(ripieni 복수형태)
riso(리조)	쌀
risotto(리좃또)	이태리식 쌀요리
robiolette(로비오렛따)	치즈명, 양의 우유로 만든 고지방 치즈
rognosa(로뇨사)	간편한, 지겨운, 불쌍한, 가여운
rognone(로뇨네)	신장
rolata(로라따)	햄과 고기를 이용한 요리
rosin(로신)	맛있는 음식에 주인에게 찬양하는 듯 붙이는 이름
rosmarino(로스마리노)	로우즈메리
rossa(롯싸)	붉은(Rosso의 여성형)
Rosso(롯쏘)	붉은
rustida(루스따다)	돼지고기 요리
ruta(루따)	헨루다(남유럽산의 약초)

S

sacripantina(사끄리빤띠나)	빵, 과자 종류
salada(살라다)	채소
salama(살라마)	소시지의 일종
salame(살라메)	저장용 소시지의 일종
salami(살라미)	소시지의 일종
salato(살랏또)	소금 간한
salmi'(살미)	스튜요리
salmoriglio(살모릴리오)	구이용 소스
salsa(살사)	소스
salsiccia(살싯치아)	소스 salse(복수형태)
salvia(살비아)	사루비아
sanato(사나또)	넓적다리 부위 고기
sangue(상구에)	피
sapa(사빠)	포도시럽
sarde(사르데)	정어리(sardelle 축소형태/sardoni 확대형태)
savoiarda(시요이아르다)	사보이아식
savoiardo(사보이아르도)	달걀, 우유, 버터, 밀가루, 설탕으로 만든 과자
sbrisulona(스브리줄로나)	부서지기 쉬운 과자
scaloppine(스깔롭삐네)	포도주를 뿌려 센불에서 구운 쇠고기 조각, 에스칼로프
scampi(스깜삐)	새우
scappato(스깝빠또)	쇠고기와 햄을 실비아로 말아서 튀김요리
scarpazzon(스까르빠쫀)	빠스따의 일종
schiacciata(스끼앗치아따)	평범한 빵 케이크
schinitte(스키닛떼)	보헤미아의 달콤한 과자

sciabbacchieddu(쉬압바끼에뚜)	잔 생선들을 잡을 때 쓰는 그물
sciabecca(쉬아베까)	테라코타로된 스튜냄비
sciatt(쉬앗트)	발뗄리나 지방식 튀김요리
sciumette(슈메떼)	빵, 과자의 일종
scorzonera(스꼬르죠네라)	알프스산 초지에서 자라는 구근식물, 구근은 식용으로 사용
scottighia(스꽂띨리아)	고기수프
sedano(쎄다노)	셀러리(sadani 복수형태)
selvaggina(셀바찌나)	야생의, 야생 동물
semi(세미)	씨앗
semifreddo(세미프렛도)	약간 추운, 반쯤 식은
senese(세네제)	시에나식의
seppie(셉삐에)	오징어
sesamo(세사모)	참깨
sfogliata(스폴리아따)	접은 파이
sformato(스포르마또)	푸딩
asfrappole(수프랍뽈레)	과자의 일종
sgombri(스곰브리)	고등어
smacafam(즈마까팜)	폴렌터를 이용한 요리
soffiato(소피아또)	부풀린
sotto(쏘또) ~	아래
soupe(수프)	수프
spagna(스빠냐)	스페이
spezzatino(스뻬짜띠노)	독일형 햄으로 (날햄을) 소금에 저린 훈제햄
spiedo(스삐에도)	스튜
spinaci(스삐나치)	긴 칼, 꼬챙이
spinacio(스삐나치오)	시금치
spumette(스뿌멧떼)	시금치(spinaci 복수형태)

spumone(스뿌모네)	거품과자
spuntature(스뿐따뚜레)	(달걀 등과)휘저어 섞은 크림을 가지고 만든 아이스크림
stoccafisso(스또까피쑈)	말린 대구
strangolapreti(수프랑고라쁘레띠)	수프의 일종
strucolo(스뜨루꼴로)	속을 넣은 참벨라 과자
strudel(스뜨루델)	과일로 속을 만들어 돌돌 만 형태로 만든 후 오븐에서 구운 달콤한 빠스따
subrics(수브릭스)	크로켓의 종류
sughetto(수겟또)	육즙, 소스
sugo(수고)	즙, 국물, 소스
susini(수시니)	오얏, 자두

T

tacchinella(땃끼넬라)	칠면조
Taccole(땃꼴레)	완두콩(Taccola 복수형태)
tacula(따꿀라)	8~10마리의 까마귀과 새를 일컫는 말
tagliatelle(딸리뗄레)	빠스따의 일종
tapulone(따뿌로네)	당나귀 고기 요리
tartatuga(따르따루가)	거북이
tartufi(따르뚜피)	송로
tartufo(따르뚜포)	송로(tartufi의 복수형태)
tasca(따스까)	머니
tegame(떼가메)	냄비
tempia(뗌삐아)	머리 부위
terracotta(테라코타)	흙으로 빚어 만든 그릇
teste(떼스떼)	머리

tettarina(똈따리나)	암소의 젖
tigelle(띠젤레)	원반형 빠스타의 일종
timo(띠모)	향미료, 백리향 속 식물의 일종
tinche(띤께)	잉어
Tipica(띠삐가)	형태의
tirolese(띠롤레제)	띠롤 지방식의
Tocco(또꼬)	소스의 일종
toma(또마)	치즈명, 양의 우유로 만든 저지방 치즈
Tomaxelle(토마셀레)	속을 채워 구운 고기 요리
tonnato(똔나또)	다랑어 소스의
Tonno(똔노)	다랑어, 참치
Torcetti(또르쳇띠)	꽈배기 과자
tordi(또르디)	티티새
torinese(또리네제)	도리노 지방의
torrone(또로네)	또르네(과자이름)
Torrone(또로네)	빵의 일종
torta(또르따)	파이, 케이크
tortellini(도르뗄리니)	고기 속을 넣은 빠스따의 일종
tortelloni(또르뗄로니)	빠스따의 일종
Tortionata(또르띠오나따)	파이
Tosella(또셀라)	치즈요리
Totani(또따니)	오징어류
tremezzina(뜨레멧찌나)	뜨레멧짜식의
trenette(뜨레넷떼)	(야자유와 비슷한) 가늘고 긴 풀, 빠스따의 일종
trenette(뜨레넷떼)	빠스따의 일종
trentina(뜨렌띠나)	뜨렌띠노식의
trifolato(뜨리폴라또)	얇게 썬 고기 혹은 채소를 파슬리와 기름

	으로 조리한
trigle(뜨릴리에)	숭어
trima(뜨리마)	치즈 종류
trippa(뜨리빠)	소위, 위
trofie(뜨로피에)	빠스따의 일종
trota(뜨로따)	송어
tôfeja(또페자)	일명 또페자, 손잡이가 4개 달리고 오지로 만든 그릇, 속이 깊음
Turinèisa(뚜리네이자)	호박에 고기와 채소로 속을 채운 것.
Tiramisu(티라미슈)	에스프레소 시럽에 담갔다 꺼낸 스펀지 케이크 사이 사이에 마스카르포네 치즈와 초콜릿 소스를 넣어 만든 것

U

ubriaco(우브리아꼬)	술취한
uccello(우첼또)	새
uccelletto(우첼렛또)	작은새
uccellini(우첼리니)	작은새
udine(우디네)	지명
uite(우이떼)	새의 사투리
Ulzio(울찌오)	지명
umido(우미도)	습한, 물기 있는
unto(운또)	기름을 바른
uova(우오바)	달걀
usanza(운산짜)	관례, 전통, 풍습
uva(우바)	포도

V

vacciarino(밧치아리노)   치즈 종류
Valdostana(발도스따나)   아오스따 계곡
valpelline(발뻬리네)   발뻬리네 지방
valsesiano(발세시아노)   발세시아 지방의
vapore(바뽀레)   수증기, 증기
Vari(바리)   다양한, 여러 가지의
vaso(바조)   항아리
vercellese(베르첼레제)   베르첼레식의
verde(베르데)   푸른, 녹색의
verdura(베르두라)   채소
vermicelli(베르미첼리)   빠스따의 일종
verzolini(베르쫄리니)   양배추의 한 종류
Vialone(비아로네)   복부 이탈리아 지명
Viennese(비엔네제)   비엔나의, 비엔나식의
vinacce(비낫체)   즙을 짠 후의 포도 찌꺼기
Vino(비노)   포도주
vitello(비델로)   송아지고기
vongole(본골레)   조개

Z

Zabaione(자비이오네)   푸딩
zafferano(자페라노)   사프란
zampa(잠빠)   다리(zampetti 축소형 복수형태)
zampone(잠뽀네)   돼지 다리, 족발

zelten(젤덴)	과일빵의 일종
zimino(지미노)	시금치나 근대를 데친 후 양념한 것
zimino(지미노)	주로 생선류에 뿌리는 소스(기본 채소, 마늘, 토마토, 양파, 백포도주로 조리)
zucca(주까)	호박
zucchine(쥬끼네)	긴호박(zucchini 복수형태)
zuppa(줍빠)	수프

PASTA의 종류

LES PÂTES / PASTA

Spaghetti

Spaghettini

Rotelle

Tagliatelle

Ditalini

Fettuccine

Alfabeto

Farfalle

Pipe Rigate

Diavolini

Gramigna

Pennette

Chifferi

Mezze Penne (Rigate)

Capelli d'angelo

Fusilli

Reginette

Capelli d'angelo Tagliati

Tortellini

● **김소미**
· 부산대학교 식품영양학과 졸업
· 부산대학교 이학박사
  현재 동부산대학교 호텔외식조리과 교수

● **최선혜**
· 부산대학교 식품영양학과 졸업
· 부산대학교 이학석사
  현재 요리연구가

최신
조리전문용어

2005년	8월 30일	초판 발행
2009년	2월 10일	2쇄 발행
2016년	2월 15일	3쇄 발행

지 은 이 • 김소미·최선혜

발 행 인 • 김홍용

펴 낸 곳 • 도서출판 **효일**

주   소 • 서울시 동대문구 용두동 102-201

전   화 • 02) 928-6644

팩   스 • 02) 927-7703

홈페이지 • www.hyoilbooks.com

E - mail • hyoilbooks@hyoilbooks.com

등   록 • 1987년 11월 18일 제 6-0045호

값 **12,000**원

ISBN 89-8489-167-3